国家中等职业教育改革发展示范学校建设项目系列教材

数控铣削加工与编程

丘海宁　邓德轩　主编

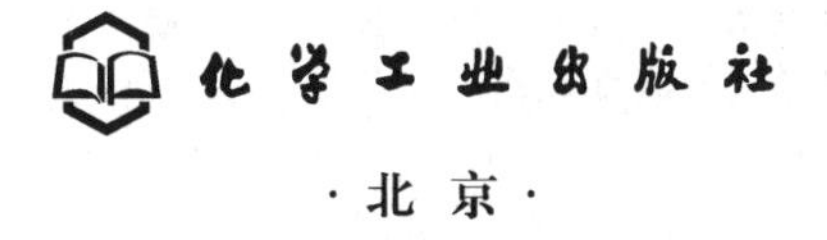

·北京·

本书共7个任务，包括平面台阶件加工、外形轮廓件加工（正方形外形加工）、外形轮廓件加工（六边形外形加工）、带圆弧工件加工、键槽件加工（半圆键槽零件样件加工）、凸模零件加工、凹模零件加工。书中每个学习任务包括学习准备、计划与实施、评价与反馈、学习拓展等环节，并且采图文并茂，符合初学者的阅读习惯。

本书可作为中等职业技术学校、技工学校相关专业的教材，同时也可作为培训用书，并适合工程技术人员参考。

图书在版编目(CIP)数据

数控铣削加工与编程/丘海宁，邓德轩主编．—北京：化学工业出版社，2015.7

国家中等职业教育改革发展示范学校建设项目系列教材

ISBN 978-7-122-24052-1

Ⅰ.①数… Ⅱ.①丘…②邓… Ⅲ.①数控机床-铣削-程序设计-中等专业学校-教材 Ⅳ.①TG547

中国版本图书馆CIP数据核字（2015）第106306号

责任编辑：韩庆利　　装帧设计：王晓宇

责任校对：蒋　宇

出版发行：化学工业出版社（北京市东城区青年湖南街13号　邮政编码100011）

印　　装：北京科印技术咨询服务公司海淀数码印刷分部

787mm×1092mm　1/16　印张8¼　字数205千字　2015年9月北京第1版第1次印刷

购书咨询：010-64518888（传真：010-64519686）　售后服务：010-64518899

网　　址：http://www.cip.com.cn

凡购买本书，如有缺损质量问题，本社销售中心负责调换。

定　价：20.00元

国家中等职业教育改革发展示范学校建设项目系列教材 编审委员会

《数控铣削加工与编程》 编写小组

主　　编：丘海宁　邓德轩

编　　委：兰松云　曾祥海　宁良辉　李昌兰

侯　培　赵玉忠　黄勇金　罗云丽

黄立言

前 言 FOREWORD

数控铣床是我国现代模具制造企业应用最广泛的机床之一。1818 年，美国人 E. 惠特尼创制了卧式铣床。为了铣削麻花钻头的螺旋槽，美国人 J. R. 布朗于 1862 年创制了第一台万能铣床，是升降台铣床的雏形。20 世纪 20 年代出现了半自动铣床。1950 年以后，数字控制的铣床慢慢发展起来。70 年代以后，微型处理器的数字控制系统和自动换刀系统在铣床上得到应用，扩大了铣床的加工范围，提高了加工精度与效率。2000 年以后，数控铣床在我国得到广泛的应用。随着我国制造产业的不断升级，高精度的数控铣床或加工中心在生产中越来越重要，急需培养出合格的技术人才，同时为了适应中等职业学校改革的需要，创新教学内容，经过反复的教学实践与总结，编写了本书。

本书主要是按照企业实际生产中的代表性工作任务来选择内容，按照基于工作过程的项目来编写教材。本书适合理实一体的教学模式，在“做、学、教”统一的教学实训室内，把课堂搬到实训室，改革教学方法与方式，开展项目教学、案例教学、场景教学、模拟教学和岗位教学等等，体现“做、学、教”统一的职业教育理念，促进知识传授与生产实践的紧密衔接。

本书由丘海宁、邓德轩主编，参编人员还包括兰松云、曾祥海、宁良辉、黄勇金、李昌兰、侯培和赵玉忠等，其中宁良辉是北京大方科技有限责任公司的工程师，拥有模具制造、数控编程的丰富经验，黄勇金为梧州市当地企业拥有一线丰富经验的工程师。

本书编写过程中，参阅了国内外同行有关资料、文献和教材，得到许多专家和同行的支持，在此一并表示感谢。

由于编者水平有限，数控铣床加工技术不断发展，职业教育改革加快推进，教材难免有疏漏之处，所以对书中的不妥之处，希望读者批评指正。

编者

2015 年 6 月

目 录 CONTENTS

任务一 平面台阶件加工

能力目标

通过平面台阶件加工这一任务的学习，学生能完成以下任务：

① 叙述车间管理规程及数控铣床操作规程；

② 叙述数控铣床各部分的名称、作用和数控机床的工作原理；

③ 叙述 FANUC 系统操作面板按钮及机床控制按钮的名称和作用；

④ 正确区分坐标轴及正负方向，手动或手轮移动坐标轴到指定的位置；

⑤ 校正平口钳，正确装夹工件；

⑥ 手动装、卸刀，铣削平面；

⑦ 以小组合作的形式，按照规定操作流程，手动铣削夹位并控制夹位尺寸；

⑧ 在完成加工后，检测零件精度，做好交接班相关工作。

任务描述

如图 1-1 所示台阶面，毛坯为 100mm×100mm×30mm，根据零件的要求，手动完成该台阶面的铣削加工。

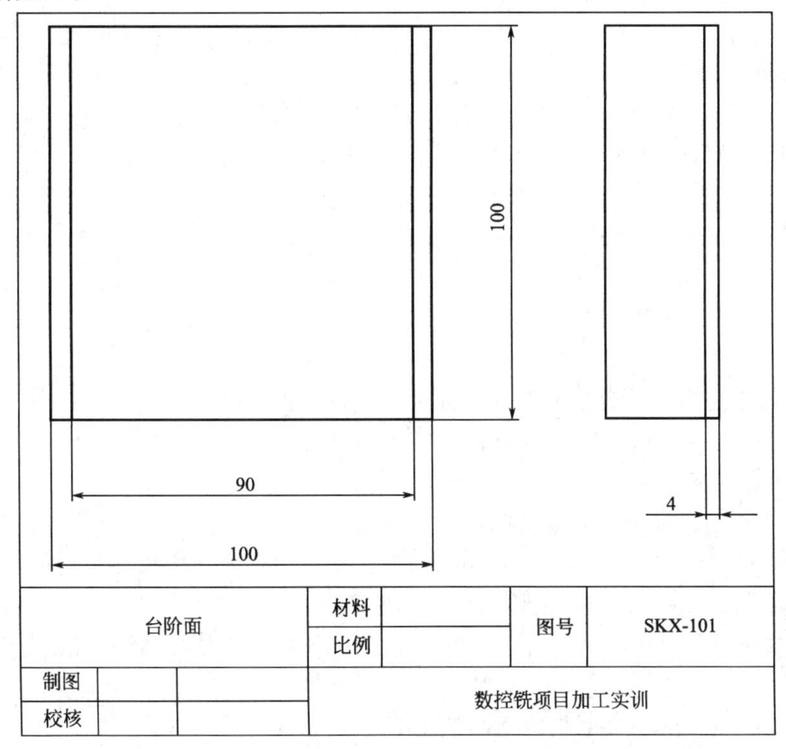

台阶面	材料		图号	SKX-101
	比例			
制图			数控铣项目加工实训	
校核				

图 1-1 台阶面实训图纸

第一部分　学习准备

引导问题

为保护操作人员的人生安全和设备安全，维持正常的生产秩序，在操作数控铣床加工产品的过程中要注意哪些问题？

一、请认真阅读下列“数控铣床安全操作规程”并完成工作页。

知识链接

数控铣床安全操作规程

（1）操作者必须熟悉机床使用说明书和机床的一般性能、结构，严禁超性能使用。

（2）工作前穿戴好个人的防护用品，长发职工戴好工作帽，头发压入帽内，切削时关闭防护门，严禁戴手套。

（3）开机前要检查润滑油是否充裕、冷却是否充足，发现不足应及时补充。

（4）开机时先打开数控铣床电器柜上的电器总开关。

（5）按下数控铣床控制面板上的“ON”按钮，启动数控系统，等自检完毕后进行数控铣床的强电复位。

（6）手动返回数控铣床参考点。先返回$+Z$方向，再返回$+X$和$+Y$方向。

（7）手动操作时，在X、Y移动前，必须确保Z轴处于安全位置，以免撞刀。

（8）数控铣床出现报警时，要根据报警号，查找原因，及时排除警报。

（9）更换刀具时应注意操作安全。在装入刀具时应将刀柄和刀具擦拭干净。

（10）在自动运行程序前，必须认真检查程序，确保程序的正确性。在操作过程中必须集中注意力，谨慎操作。运行过程中，一旦发生问题，及时按下循环暂停按钮或紧急停止按钮。

（11）加工完毕后，应把刀架停放在远离工件的换刀位置。

（12）实习学生在操作时，旁观的同学禁止按控制面板的任何按钮、旋钮，以免发生意外及事故。

（13）严禁任意修改、删除机床参数。

（14）生产过程中产生的废机油和切削油，要集中存放到废液标识桶中，倾倒过程中防止滴漏到桶外，严禁将废液倒入下水道污染环境。

（15）关机前，应使刀具处于安全位置，把工作台上的切屑清理干净、把机床擦拭干净。

（16）关机时，先关闭系统电源，再关闭电器总开关。

（17）做好机床清扫工作，保持清洁，认真执行交接班手续，填好交接班记录。

练一练

阅读上述操作规程，判断下列说法是否正确（正确的打“√”，错误的打“×”）

1. 因为操作机床时切屑有可能弄伤手，所以要戴手套操作。（　　）

2. 手动返回参考点时，不用考虑 X、Y、Z 三轴的顺序。（　　）

3. 调机人员在任何情况下都不可以修改机床相关参数。（　　）

4. 生产过程中产生的废油可以直接从下水道排放。（　　）

个人安全操作保证书

个人安全操作保证书
工种：________　保证人：________　日期：________

引导问题

数控铣床能够高速进行结构复杂、精度要求高的零件的加工，提高了加工效率，保证了加工质量。那么，数控铣床是由哪些部分组成的呢？

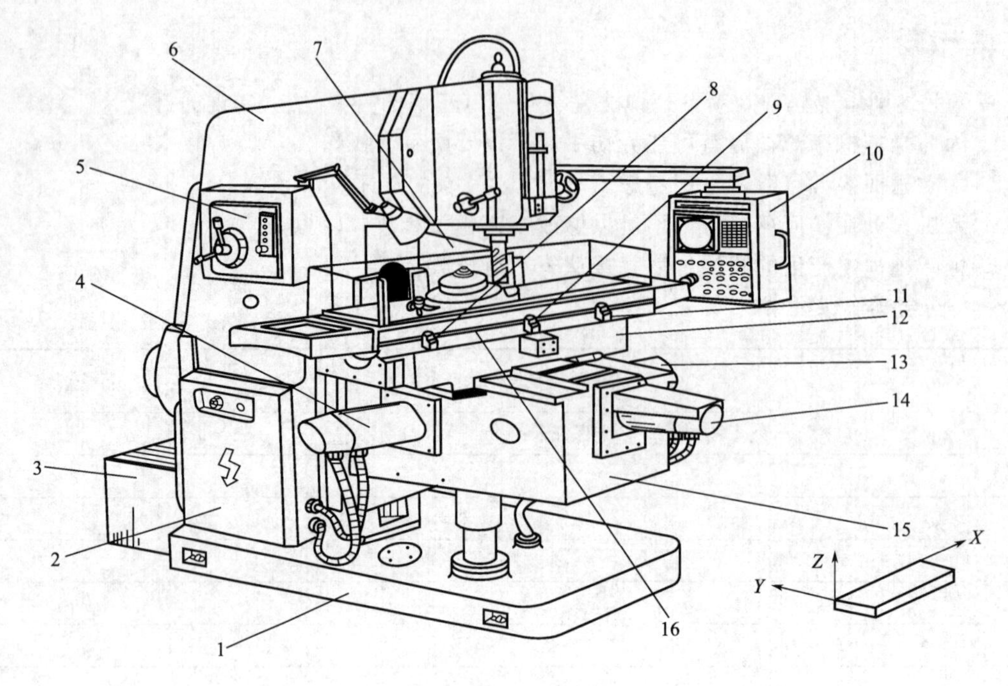

图 1-2　数控铣床结构

1—底座；2—强电柜；3—稳压电源箱；4—垂直升降（Z 轴）进给伺服电机；5—主轴变速手柄和按钮板；6—床身；7—数控柜；8、11—保护开关（控制纵向行程硬限位）；9—挡铁（用于纵向参考点设定）；10—数控系统；12—横向溜板；13—横向（X 轴）进给伺服电动机；14—纵向（Y 轴）进给伺服电动机；15—升降台；16—工作台

二、数控铣床的整体结构

如图 1-2 所示，数控铣床由床身、数控系统、主轴、传动系统、进给伺服系统、冷却润滑系统六大部分组成。

（1）床身：数控铣床上用于支承和连接若干部件，并带有导轨的基础零件。

（2）数控系统：是数控机床的核心，它接受输入装置送来的脉冲信号，经过数控装置的系统软件或逻辑电路进行编译、运算和逻辑处理后，输出各种信号和指令控制机床的各个部分，进行规定的、有序的动作。

（3）主轴传动系统：用于装夹刀具并带动刀具旋转，主轴转速范围和输出扭矩对加工有直接的影响。

（4）进给伺服系统：由进给电机和进给执行机构组成，按照程序设定的进给速度实现刀具和工件之间的相对运动，包括直线进给运动和旋转运动。

（5）冷却润滑系统：在机床整机中占有十分重要的位置，它不仅具有润滑作用，而且还具有冷却作用，以减小机床热变形对加工精度的影响。润滑系统的设计、调试和维修保养，对于保证机床加工精度、延长机床使用寿命等都具有十分重要的意义。

练一练

仔细观察学校实习工场的数控铣床，与图 1-2 的数控铣床结构图例对比，找出相对应的结构（在相应栏目打“√”）

1. 床身（　　）　2. 工作台（　　）　3. 防护门（　　）　4. 操作系统（　　）
5. 冷却油箱（　　）　6. 主轴（　　）　7. 强电柜（　　）　8. 总开关（　　）
9. 润滑油箱（　　）　10. 稳压电源（　　）　11. 手轮（　　）　12. 急停开关（　　）

引导问题

数控铣床是采用数控系统、伺服系统、传动系统共同配合来完成操作加工的。那么数控铣床的数控系统是怎样的？应该如何使用操作系统操作机床呢？

三、 FANUC 数控铣床操作

FANUC 系统操作面板如图 1-3 所示，FANUC 系统 MDI 操作面板分区如图 1-4 所示。

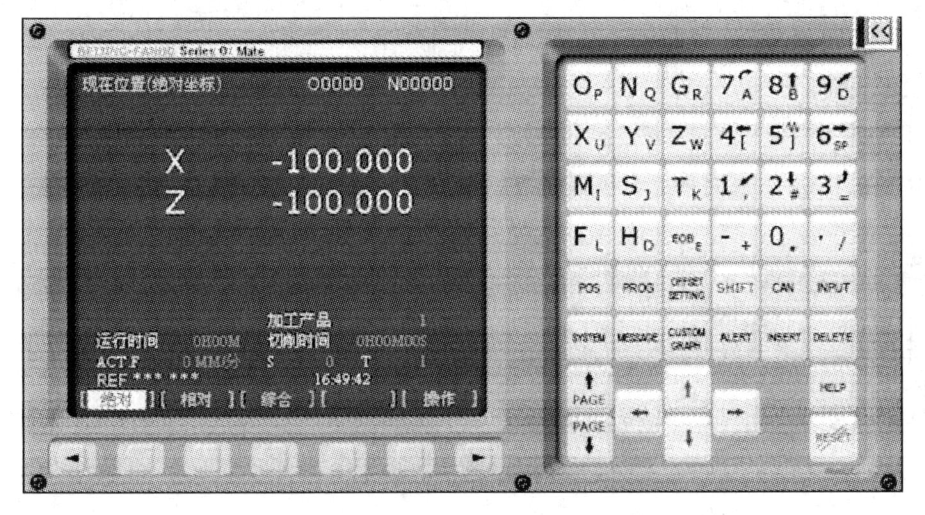

图 1-3　FANUC 系统操作面板

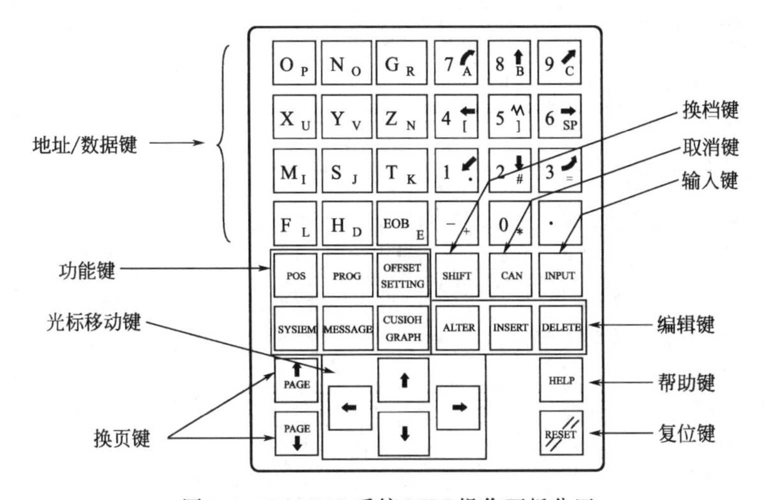

图 1-4　FANUC 系统 MDI 操作面板分区

1. FANUC 数控系统各键功能说明，填写空格内容

（1）编辑键

DELETE ______键：删除光标所在的数据；或者删除一个数控程序或者删除全部数控程序。

INSERT 插入键：把输入域之中的数据插入到当前光标之后的位置。

CAN ______键：消除输入域内的数据。

EOB E 回撤换行键：结束一行程序的输入并且换行。

SHIFT ______键：____________。

（2）页面切换键

PROG ____________。

POS ________页面：位置显示有三种方式，用 PAGE 按钮选择。

OFFSET SETTING ________页面：按第一次进入坐标系设置页面，按第二次进入刀具补偿参数页面。进入不同的页面以后，用 PAGE 按钮切换。

HELP ________页面。

（3）系统复位

RESET ________键。

（4）翻页按钮（PAGE）

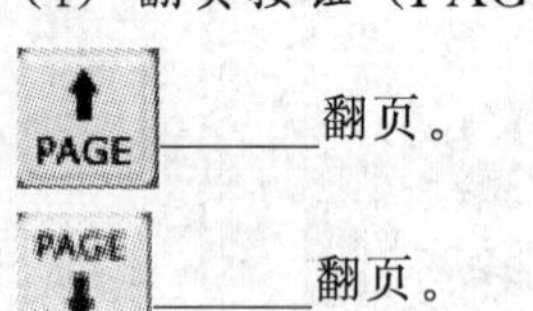

______翻页。

______翻页。

（5）光标移动（CURSOR）

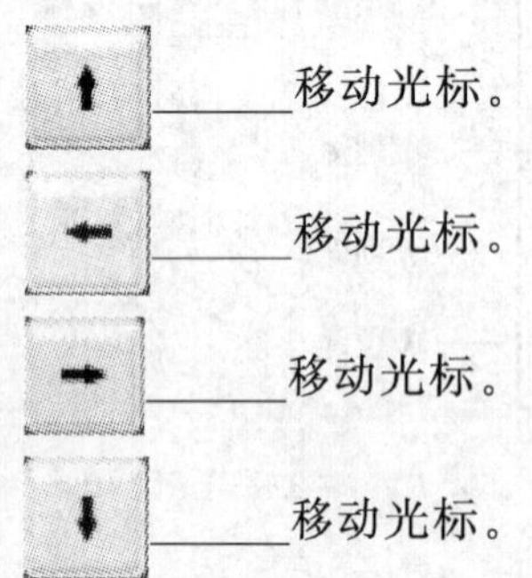

______移动光标。

______移动光标。

______移动光标。

______移动光标。

(6) 输入键

INPUT ______键：把输入域内的数据输入参数页面或者输入一个外部的数控程序。

(7) 屏幕软件键说明（图 1-5）

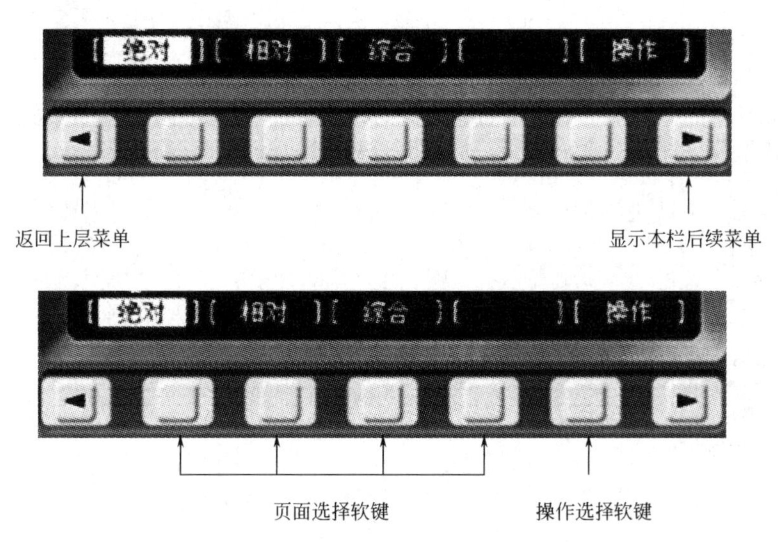

图 1-5　FANUC 系统屏幕软键说明

2. FANUC 系统机床操作按钮说明

FANUC 系统机床操作面板如图 1-6 所示。

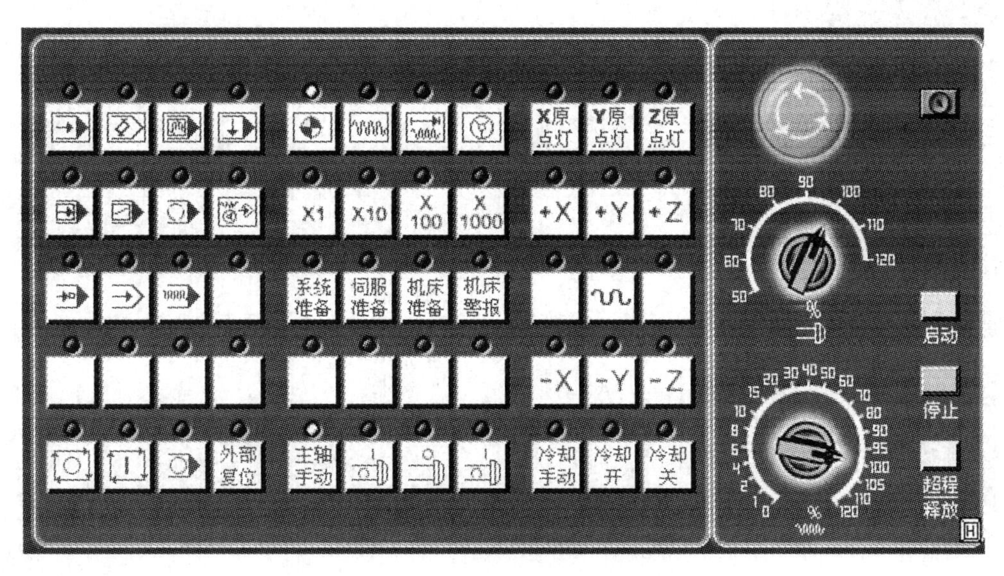

图 1-6　FANUC 系统机床操作面板

：程序停止。

：__________。(自动操作停止)

：__________。（自动操作开始）

：________________。

：____________。

：____________。

：手轮进给倍率。

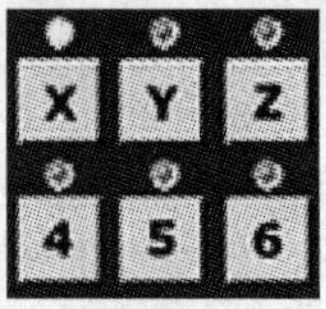

：手动进给轴选择。

轴向位移方向。

轴向位移方向。

：________________。

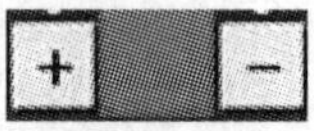

：移动方向选择。

：主轴________________。

：__________倍率调整按钮。

：__________倍率调整按钮。

：________________按钮。

3. 手轮

手轮又称为手摇脉冲发生器，如图 1-7 所示，在使用过程中，要长按左侧白色控制开关，同时转动手轮，相应坐标轴才会移动。

练一练

参照 FANUC 数控系统按钮说明，在学校数控铣床上找出对应的按钮并记录。选择需

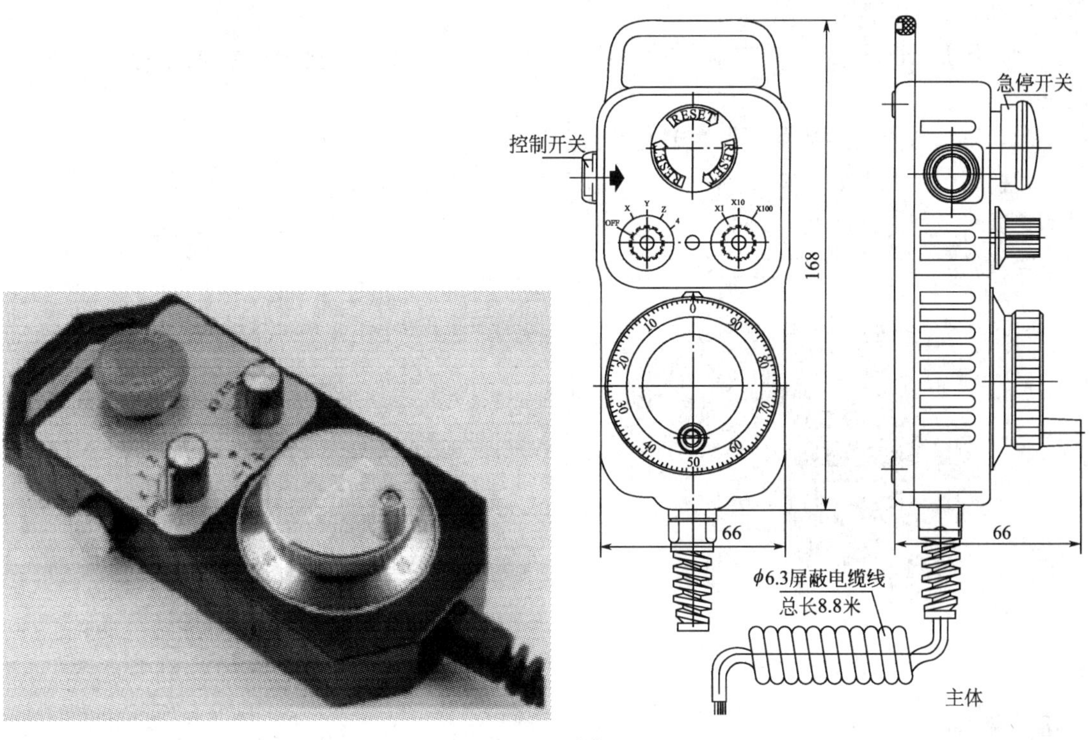

图 1-7　手轮

要使用的功能按钮。

（1）设备运行中，遇到紧急事件，需立即停止时，应按下（　　　　　　　　）；

（2）使用手轮进行进给时，应按下（　　　　　　　　）；

（3）机器运行中，需提高主轴转速，应使用（　　　　　　　　）调节；

（4）输入程序时，如需移动光标，应使用（　　　　　　　　）；

（5）系统复位操作时，应按下（　　　　　　　　）。

4. 数控铣床加工刀具

数控铣床加工刀具是指能对工件进行切削加工的工具。数控铣床使用的刀具主要有铣削用刀具和孔加工用刀具两大类。

铣削刀具主要用于铣削面轮廓、槽面、台阶等。

5. 数控铣床用刀柄

数控铣床/加工中心上用的立铣刀和钻头大多采用____________装夹方式安装在刀柄上的，刀柄由__________、__________、__________组成，如图 1-8 所示。

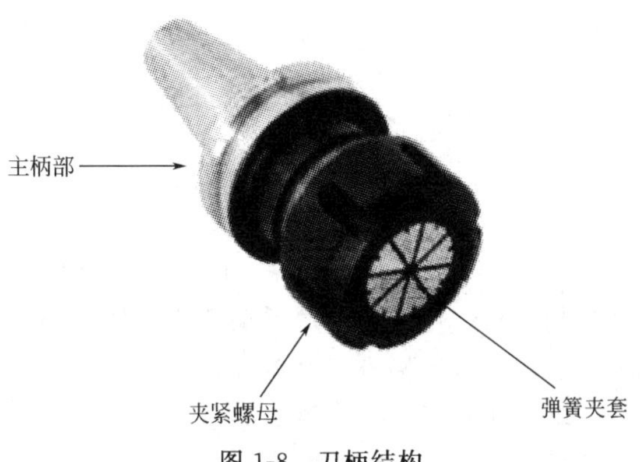

图 1-8　刀柄结构

在刀柄主柄部根据机床不同配置不同的拉钉。

铣刀安装顺序：

（1）根据铣刀规格，把相应的弹簧夹

套放置在夹紧螺母内；

(2) 将夹紧螺母安装到刀柄上，并旋转两圈左右，保证弹簧夹套在夹紧螺母中正确定位；

(3) 将铣刀放入弹簧夹套，并用扳手将夹紧螺母拧紧，夹紧刀具。

刀柄如图 1-9 所示，夹套如图 1-10 所示。所使用的数控铣床刀柄型号为：________。刀柄长度________。

弹簧夹套型号为：________。

图 1-9 刀柄

图 1-10 夹套

6. 零件对刀

在加工程序执行前，调整每把刀的刀位点，使其尽量与某一理想基准点重合，这个过程称为对刀。对刀的目的是通过刀具或对刀工具确定工件坐标系与机床坐标系之间的空间位置关系，并将对刀数据输入到相应的存储位置。对刀是数控加工中最重要的工作内容，对刀的准确性将直接影响零件的加工精度。对刀动作分为 X 、Y 向对刀和 Z 向对刀。

其中 Z 轴对刀可分为试切法、Z 向设定器对刀。其中试切法是采用刀具直接对零件进行试切，其对刀精度较低，容易破坏工件，常用于加工精度要求较低的工件上。Z 轴对刀如图 1-11 所示。

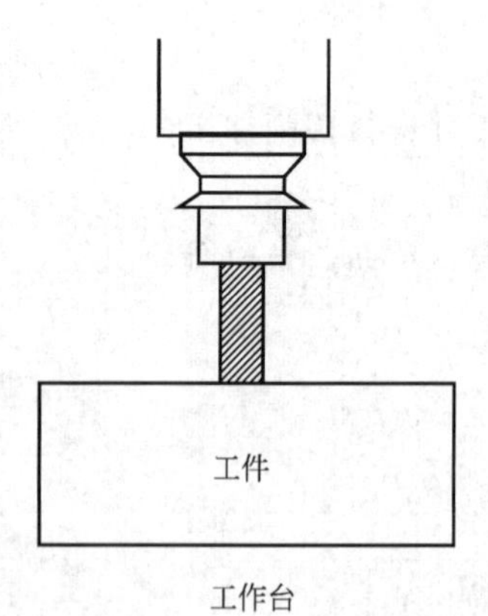

图 1-11 Z 轴对刀示意图

试切步骤：主轴旋转—摇动手轮工件顶端—切换移动量旋钮至低档—摇动手轮直至刀具切刀工件顶面—Z 轴坐标清零。

Z 轴试切对刀时的常用转速是多少？

____。

第二部分　计划与实施

引导问题

使用数控铣床进行产品加工前，需要做哪些准备工作？

一、 生产前的准备

1. 认真阅读零件图（图 1-1），进行产品分析，并填写下表

项　　目	分 析 内 容
标题栏信息	零件名称及图号：________________零件材料：________________ 毛坯规格：________________
零件形体	描述零件主要结构：____

2. 工量具准备

夹具：____________________

刀具：____

量具：____

其他工具或辅件：____

3. 填写工序卡

工序卡

序号	工步内容	刀具类型	刀具规格 /mm	主轴转速 /(r/min)	进给速度 /(mm/min)	背吃刀量 /mm
1						
2						
3						
4						

引导问题

数控铣床如何正常启动？按照怎样的步骤才能安全的加工出合格零件？

二、 在数控铣床上完成零件加工

按下列操作步骤，分步完成零件加工，并记录操作过程。

1. 开机

（1） 开电源

操作步骤	操作内容	过程记录
1	打开外部电源开关	
2	打开机床电柜总开关;机床上电	
3	打开稳压器电源	
4	按下操作面板上的绿色电源按钮 POWER ON 启动 :系统上电	
5	等待系统进入待机画面后,打开紧急停止按钮	

（2） 手动回参考点

操作步骤	操作内容	过程记录
1	按下 返回参考点按钮	
2	在 X Y Z 按下 Z 轴按钮,选择 Z 轴回参考点	
3	在 + - 按下＋方向按钮,Z 轴往正方向回参考点	
4	调节进给倍率开关,控制返回参考点速度	
5	在 X Y Z 按下 X 轴按钮	
6	在 + - 按下＋方向按钮,X 轴往正方向回参考点	
7	在 X Y Z 按下 Y 轴按钮	
8	在 + - 按下＋方向按钮,Y 轴往正方向回参考点	

2. 装夹毛坯

将毛坯装夹在平口钳上，用角尺校正毛坯，保证毛坯高出钳口 10mm。

3. 选刀、 装刀

操作步骤	操作内容	过程记录
1	根据加工要求,选择刀具	
2	选择相关夹套,将刀具装到刀柄上并锁紧	
3	在手动 或手轮 模式,按下锁刀按钮,将刀具放入主轴锥孔(注意保持主轴锥孔及刀柄的清洁),注意主轴矩形突起要正好卡入刀柄矩形缺口处,松开锁刀按钮,刀具即被主轴拉紧	

4. MDI状态启动主轴

操作步骤	操作内容	过程记录
1	在MDI模式，多次按程序PROG按钮直到显示MDI页面	
2	输入M3 S500，按INSERT	
3	按循启动按钮，主轴正转启动	

5. 手动完成夹位加工

操作步骤	操作内容	过程记录
1	在手动模式，在X Y Z按X轴按钮，长按+ -上“+”或“-”，使刀具靠近工件	
2	通过调节进给倍率调整进给速度，注意刀具位置防止撞刀	
3	在X Y Z按Y轴按钮，长按+ -上“+”或“-”，使刀具靠近工件，交替移动X轴和Y轴直到刀具停留在工件上方	
4	在X Y Z按Z轴按钮，长按+ -上“-”，使刀具靠近工件，注意调整进给倍率旋钮防止撞刀	
5	换手轮模式，选择Z轴，选择×100倍率	
6	逆时针旋转手轮，刀具接近工件	
7	刀具快靠近工件时，将倍率开关旋至×10倍率	
8	逆时针旋转手轮，刀具接近工件直到切削到工件表面时停止	
9	在POS页面，选择相对坐标，按Z0，按第一个软键[预定][起源]预定，将Z轴相对坐标清零	
10	将倍率开关旋至×100倍挡，选择X轴，移动刀具离开工件上表面	
11	选择Z轴，移动刀具下降，注意屏幕相对坐标，当Z坐标下降至-4.000时停止	
12	移动刀具在工件左侧直角处靠近工件，将倍率开关旋至×10倍挡，移动刀具轻碰工件	
13	选择相对坐标，按X0按第一个软键[预定][起源]预定，将X轴相对坐标清零。再按Y0，按软键预定，将Y轴相对坐标清零	
14	移动刀具到相对坐标X5.000、Y10.000、Z-2.000处	

续表

操作步骤	操作内容	过程记录
15	换手动[按键图标]模式，旋转进给倍率开关到50%位置，按 -Y 进行切削加工	
16	刀具切削移动到大约＋110的位置停止，移动刀具到Z－4.000处	
17	按 +Y 进行夹位切削加工，刀具切削移动到大约＋10的位置停止，完成左侧加工	
18	抬刀至安全高度，将刀具移动至工件右侧，重复上述操作，完成工件右侧加工	
19	抬刀至安全高度	
20	主轴停止运转	
21	拆下工件，去毛刺，尖角倒钝	

6. 清理机床，整理工量辅具等

操作步骤	操作内容	过程记录
1	从机床上将刀柄卸下来（与装刀顺序相反），注意保护刀具不要让其从主轴上掉下来，对于较重刀具或力量不够的同学要请求其他同学进行帮助保护	
2	将刀具从刀柄上卸下来	
3	机床 Z 轴手动回参考点，移动 X、Y 轴使工作台处于床身中间位置	
4	清理机床平口钳和工作台上的切屑	
5	用抹布擦拭机床外表面、操作面板、工作台、工具柜等	
6	整理工量辅具及刀具等，需要归还的及时归还	
7	按要求清理工作场地，填写交接班表等表格	

第三部分　评价与反馈

一、自我评价

任务名称：________________

评价项目	是	否
1. 认真阅读并理解数控铣床操作规程		
2. 认真观察学校的数控铣床，并能说出每一部分结构的名称及作用		
3. 认识本次课要使用的所有工量夹具、辅件、刀具等并能按要求正确使用		
4. 正确分析零件的形体，填写工序卡		

续表

评价项目	是	否
5. 认真按照操作步骤指引，独立完成夹位加工		
6. 诚恳接受小组同学的监督指导，有问题虚心向同学及老师请教		
7. 认真做好清理、清扫工作，认真填写好交接班表等表格		

二、 小组评价

序号	评价项目	评价
1	着装符合安全操作规范	
2	认真学习“学习准备”中的内容并完成相关工作页	
3	正确完成工作准备，图纸分析及工序卡填写无错误	
4	开机操作正确、规范	
5	装刀动作规范、安全，节奏合理，效率高，刀具装夹长度合适	
6	工件装夹符合加工要求	
7	加工过程严格按照操作指引进行操作，无私自更改操作顺序及内容的行为	
8	接受同学监督，操作过程受到同学质疑时能虚心接受意见，与到有争议时共同探讨或请教老师	
9	操作过程中未出现过切、撞刀等安全事故	
10	机床清扫，工量具、辅具整理合格，交接班等表格填写合格，字迹工整	

评价人：________________　　　　年　　月　　日

三、 教师评价

序号	项目	教师评价			
		优	良	中	差
1	无迟到、早退、中途缺课、旷课等现象				
2	着装符合要求，遵守实训室安全规程				
3	工作页填写完整				
4	学习积极主动，独立完成加工任务				
5	工量具、刀具使用规范，机床操作规范				
6	夹位加工尺寸合格，有去毛刺及倒角				
7	与小组成员积极沟通并协助其他成员共同完成任务				
8	使用机床操作说明书等其他学习材料丰富对数控机床及其操作的认识				
9	认真做好工作现场的6S工作				
10	教师综合评价				

第四部分　学习拓展

如图 1-12 所示台阶面，毛坯 100mm×100mm×30mm，根据零件图的要求，采用编程加工方式完成该零件的铣削加工。

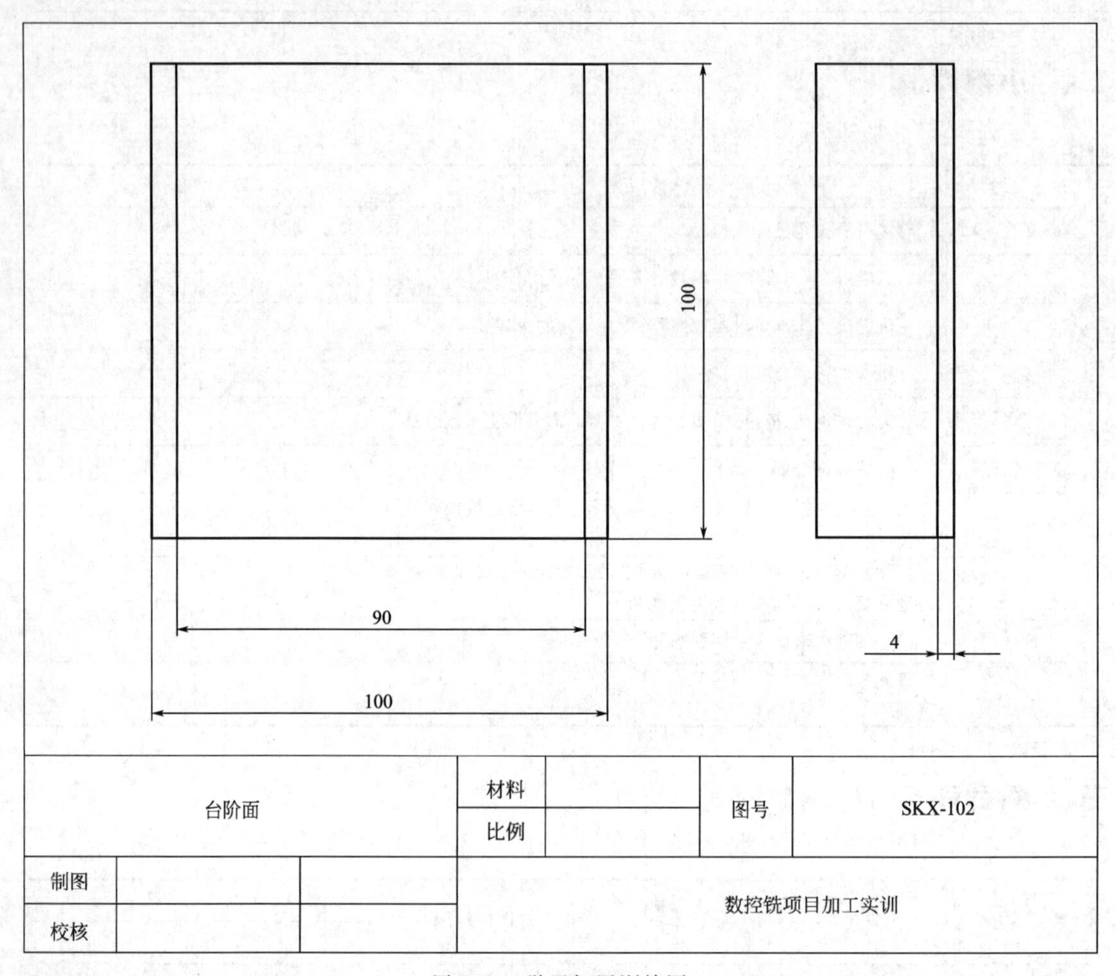

图 1-12　学习拓展训练图

任务二 外形轮廓件加工（正方形外形加工）

能力目标

通过正方形外形加工任务的学习，学生能完成以下任务：

① 在教师的指导下，叙述数控铣削加工程序的基本结构；

② 叙述 G01、G90、G00、G54、M03、M05、M30、M08、G80、G91 等指令的含义及格式；

③ 按安全文明生产操作要求，根据零件图纸，以小组工作的形式，制定正方形外形轮廓件的加工工艺；

④ 按照安全操作规范动作和步骤，手工录入加工程序并对程序进行校验和编辑；

⑤ 对工件进行分中对刀和建立坐标系；

⑥ 使用指令编写正方形加工程序；

⑦ 在单段模式下完成平面、矩形轮廓的首件试切加工。

任务描述

如图 2-1 所示正方形凸台，毛坯 100mm×100mm×30mm，根据零件图的要求，完成该零件的铣削加工，任务完成后提交成品及检验报告。

第一部分 学习准备

引导问题

使用数控机床加工零件时，可以编写数控程序并将其输入机床的数控系统中，用程序控制机床完成加工，那么，数控程序的结构和格式是怎样的呢？

一、 数控程序结构与格式

1. 指令字

（1） 顺序号字 N

顺序号又称程序段号或程序段序号。顺序号位于程序段之首，由顺序号字 N 和后续数字组成。

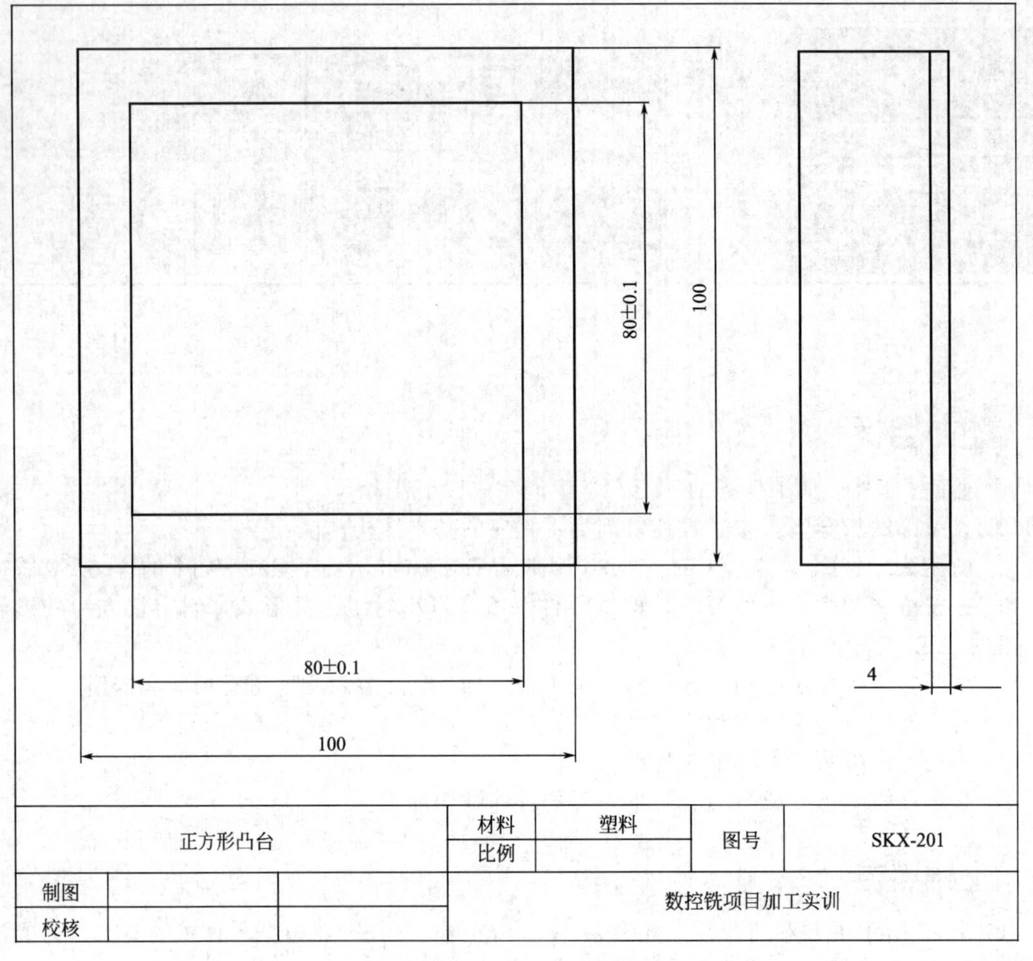

图 2-1 正方形凸台实训图纸

(2) 准备功能字 G

准备功能字的地址符是 G，又称为 G 功能或 G 指令，是用于建立机床或控制系统工作方式的一种指令。

(3) 尺寸字

尺寸字用于确定机床上刀具运动终点的坐标位置。

其中，第一组 X、Y、Z、U、V、W、P、Q、R 用于确定终点的直线坐标尺寸；第二组 A、B、C、D、E 用于确定终点的角度坐标尺寸。

(4) 进给功能字 F

进给功能字的地址符是 F，又称为 F 功能或 F 指令，用于指定切削的进给速度。对于数控铣床，F 指令指定的是每分钟进给量。F 指令在螺纹切削程序段中常用来指令螺纹的导程。

(5) 主轴转速功能字 S

主轴转速功能字的地址符是 S，又称为 S 功能或 S 指令，用于指定主轴转速，单位为 r/min。

(6) 刀具功能字 T

刀具功能字的地址符是 T，又称为 T 功能或 T 指令，用于指定加工时所用刀具的编号。

对于数控车床，其后的数字还兼作指定刀具长度补偿和刀尖半径补偿用。

（7）辅助功能字 M

辅助功能字的地址符是 M，后续数字一般为 1～3 位正整数，又称为 M 功能或 M 指令，用于指定数控机床辅助装置的开关动作。

2. 程序段

一个数控加工程序是由若干个程序段组成的。程序段格式是指程序段中的字、字符和数据的排列形式。程序段格式举例：

N30 G01 X88.1 Y30.2 F500 S3000 T02 M08

N40 X90（本程序段省略了续效字“G01，Y30.2，F500，S3000，T02，M08”，但它们的功能仍然有效）

在程序段中，必须明确组成程序段的各要素：

移动目标：终点坐标值 X、Y、Z；

沿怎样的轨迹移动：准备功能字 G；

进给速度：进给功能字 F；

切削速度：主轴转速功能字 S；

使用刀具：刀具功能字 T；

机床辅助动作：辅助功能字 M。

3. 程序结构（如图 2-2 所示）

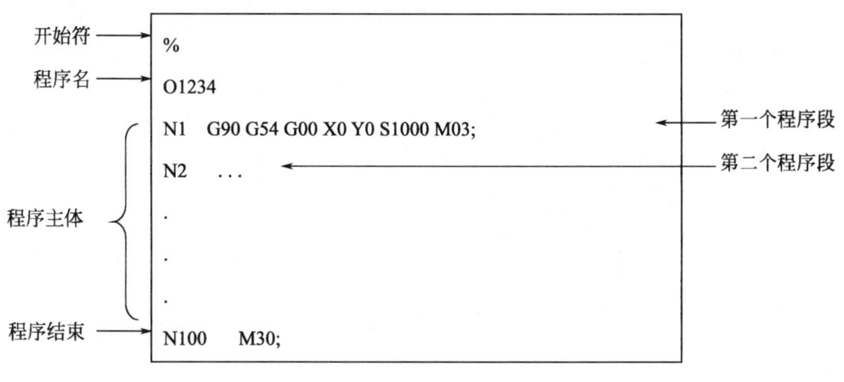

图 2-2 程序结构图

练一练

请分析上述内容，完成下面填空。

一个完整的加工程序包括开始符、__________、__________和__________。

程序中的字符 N 的意思是______________________________。

引导问题

数控机床自动加工正方形外形轮廓件时，刀具需要完成快速定位及直线走刀等运行轨迹，那么数控机床的快速定位及直线进给的控制指令如何编写呢？

二、相关指令含义、格式及应用

G00：快速定位　　指令格式：G00　X＿Y＿Z

G01：直线插补　　指令格式：G01　X＿Y＿Z＿F

G17：XOY 平面　G54：设定工件坐标系　G90：绝对坐标　G91：相对坐标

G80：固定循环取消

M03：主轴正转　M04：主轴反转　M05：主轴停转　M30：程序结束

S1200：主轴转速 1200 转/分钟

1. G00 快速定位

G00 快速定位指令为刀具相对于工件分别以各轴快速移动速度由始点（当前点）快速移动到终点定位。当是绝对值 G90 指令时，刀具分别以各轴快速移动速度移至工件坐标系中坐标为（X，Y，Z）的点上；当是增量值 G91 指令时，刀具则移至距始点（当前点）坐标为（X，Y，Z）的点上。各轴快速移动速度可分别用参数设定。在加工执行时，还可以在操作面板上用快速进给速率修调旋钮来调整控制。

例如，刀具由点 A 移动至点 B，X 轴和 Y 轴的快速移动速度均为 4000 mm/min，程序为：

G90 G00 X40.0 Y30.0 F4000 或 G91 G00 X20.0 Y20.0 F4000

则刀具的进给路线为一折线，即刀具从起始点 A 先沿 X 轴、Y 轴同时移动至点 B，然后再沿 X 轴移动至终点 C，如图 2-3 所示。

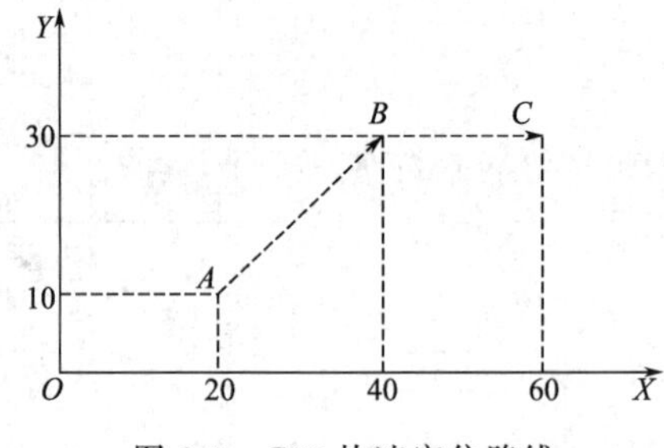

图 2-3　G00 快速定位路线

2. G01 直线插补

G01 直线插补指令为刀具相对于工件以 F 指令的进给速度从当前点（始点）向终点进行直线插补。F 代码是进给速度指令代码，在没有新的 F 指令以前一直有效，不必在每个程序段中都写入 F 指令。

例如，刀具由点 A 加工至点 B，程序为：

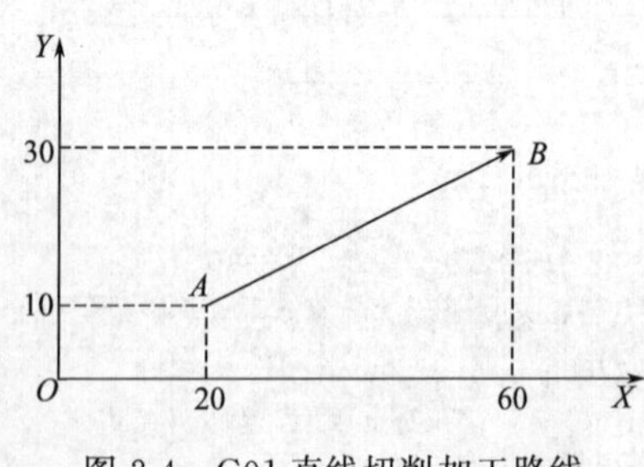

图 2-4　G01 直线切削加工路线

G90 G01 X60.0 Y30.0 F200 或 G91 G01 X40.0 Y20.0 F200

F200 是指从始点 A 向终点 B 进行直线插补的进给速度 200 mm/min，刀具的进给路线如图 2-4 所示。

如图 2-5 所示的图形，要求刀具由原点按顺序移动到点 1、2、3，使用 G90 和 G91 编程。使用 G90 编程时，点 1、2、3 的坐标都是以坐标系中的 O 为原点，所以编程时点 1 坐标（20，15）；点 2 坐标（40，45）；

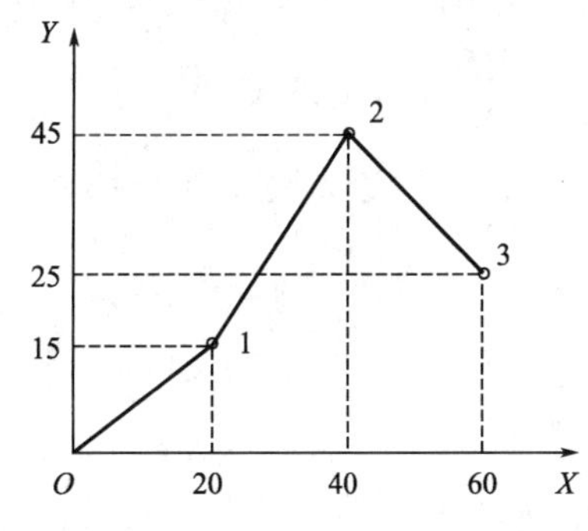

G90 编程	G91 编程
% 00001 N1 G90 GO1 X20 Y15 N2 G90 GO1 X40 Y45 N3 G90 GO1 X60 Y25 N4 M30	% 00002 N1 G91 GO1 X20 Y15 N2 G91 GO1 X20 Y30 N3 G91 GO1 X20 Y-20 N4 M30

图 2-5 绝对值编程与相对值编程

点 3 坐标（60，25）。

使用 G91 编程时，点 1 坐标是以 O 点为原点的，所以点 1 坐标（20，15）；当刀走到点 1 开始向点 2 移动时，是将点 1 的位置作为坐标原点的，所以点 2 以点 1 为原点的坐标位置应该为（40-20，45-15），即点 2 相对点 1 的坐标为（20，30）；点 3 以点 2 为原点的坐标位置为（60-40，25-45），即点 3 相对点 2 的坐标为（20，－20）。

练一练

通过上述例子的学习，请完成程序编写，若刀具由图 2-4 中的点 B 加工至点 A，直线插补的进给速度为 300 mm/min 时，程序为：

G90 G01 X____ Y____ F____或 G91 G01 X____ Y____ F____。

引导问题

在数控铣床上进行零件加工前，需要确定工件在机床工作台上的位置，设定工件上的某一点在机床坐标系中坐标值的过程称为对刀操作，对刀操作可用来建立工件坐标系。那么如何进行对刀操作，建立工件坐标系呢?

三、 工件坐标系的建立和对刀方法简介

对刀操作就是设定刀具上某一点在工件坐标系中坐标值的过程，对于圆柱形铣刀，一般是指刀刃底平面的中心，对于球头铣刀，也可以指球头的球心。实际上，对刀的过程就是建立机床坐标系与工件坐标系对应位置关系的过程。

对刀之前，应先将工件毛坯准确定位装夹在工作台上。对于较小的零件，一般安装在平口钳或专用夹具上，对于较大的零件，一般直接安装在工作台上。安装时要使零件的基准方向和 X、Y、Z 轴的方向相一致，并且切削时刀具不会碰到夹具或工作台，然后将零件夹紧。

常用的对刀方法是手工对刀法，一般使用刀具、标准芯棒或百分表（千分表）等工具，更方便的方法是使用光电对刀仪。

1. G92 建立工件坐标系的对刀方法

G92 指令的功能是设定工件坐标系，执行 G92 指令时，系统将指令后的 X、Y、Z 的值

设定为刀具当前位置在工件坐标系中的坐标，即通过设定刀具相对于工件坐标系原点的值来确定工件坐标系的原点。

(1) 方形工件的对刀步骤

如图 2-6 所示，通过对刀将图中所示方形工件的 X、Y、Z 的零点设定成工件坐标系的原点。操作步骤如下：

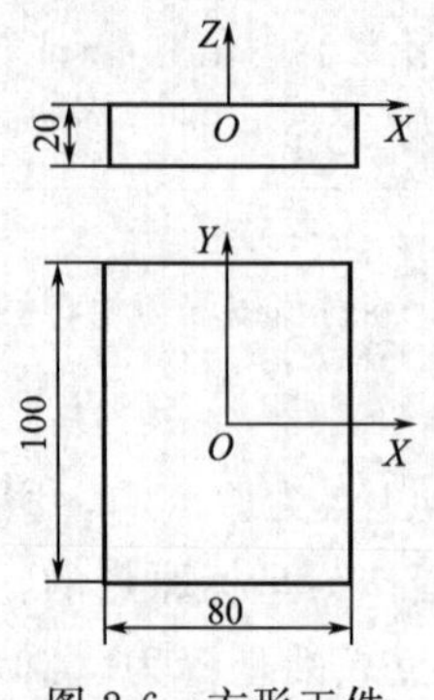

图 2-6 方形工件

① 安装工件，将工件毛坯装夹在工作台上，用手动方式分别回 X 轴、Y 轴和 Z 轴到机床参考点。采用点动进给方式、手轮进给方式或快速进给方式，分别移动 X 轴、Y 轴和 Z 轴，将主轴刀具先移到靠近工件的 X 方向的对刀基准面——工件毛坯的右侧面。如图 2-7 所示。

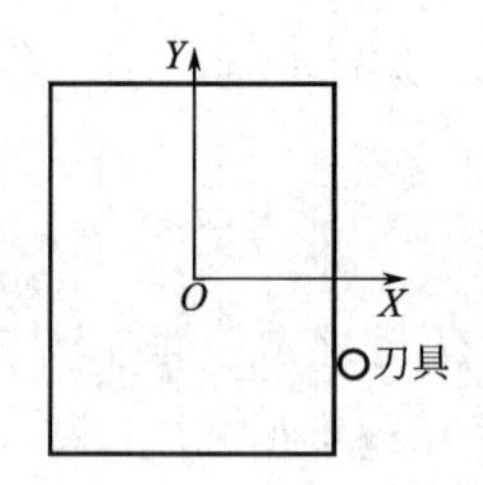

图 2-7 X 方向对刀时的刀具位置

② 主轴正转，在手轮进给方式转动手摇脉冲发生器慢慢移动机床 X 轴，使刀具侧面接触工件 X 方向的基准面，使工件上出现一极微小的切痕，即刀具正好碰到工件侧面，如图 2-8所示。

设工件长宽的实际尺寸为 80mm×100mm，使用的刀具直径为 8mm，这时刀具中心坐标相对于工件 X 轴零点的位置可以计算得到：80/2＋8/2＝44(mm)。

③ 将机床工作方式转换成手动数据输入方式，按“程序”键，进入手动数据输入方式下的程序输入状态，输入 G92，按“输入”键，再输入此时刀具中心的 X 坐标值 X44，按“输入”键。此时已将刀具中心相对于工件坐标系原点的 X 坐标值输入。

按“循环启动”按钮执行 G92 X44 这一程序，使刀具侧面和工件的前侧面（即靠近操作者的工件侧面）正好相接触，这时 X 坐标已设定好，如果按“位置”键，屏幕上显示的 X 坐标值为输入的坐标值，即当前刀具中心在工件坐标系内的坐标值。

④ 按照上述步骤同样再对 Y 轴进行操作，这时刀具中心相对于工件 Y 轴零点的坐标为：－100/2＋(－8/2)＝－54。在手动数据输入方式下输入 G92 和 Y-54，并按“输入”键，这时刀具的 Y 坐标已设定好。

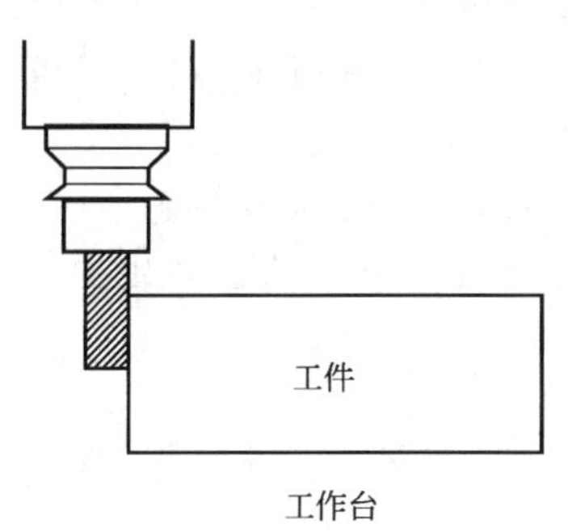

图 2-8　刀具侧面接触工件

⑤ 然后对 Z 轴进行同样的操作，此时刀具中心相对于工件坐标系原点的 Z 坐标值为 $Z=0$，输入 G92 和 Z0，按“输入”键，这时 Z 坐标也已设定好。实际上工件坐标系的零点已设定到图 2-9 所示的位置上。

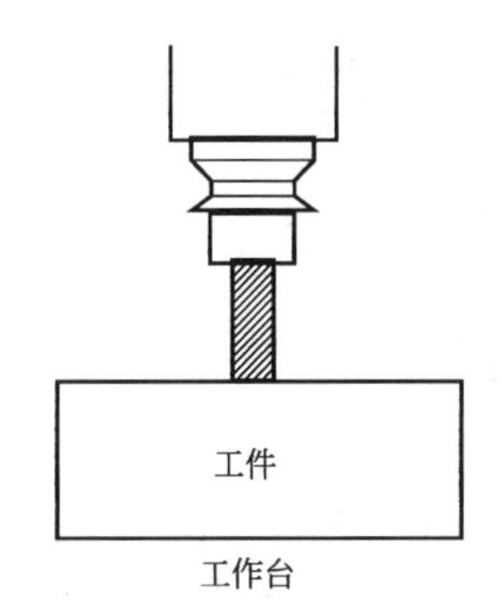

图 2-9　Z 方向对刀时的刀具位置

(2) 注意事项

① 由于刀具的实际直径可能要比其标称直径小，对刀时要按刀具的实际直径来计算。工件上的对刀基准面要选择工件上的重要基准面。如果欲选择的基准面不允许产生切痕，可在刀具和基准面之间加上一块厚度准确的薄垫片。

② 用 G92 的方式建立工件坐标系后，如果关机，建立的工件坐标系将丢失，重新开机后必须再对刀建立工件坐标系。

2. 用 G54～G59 建立工件坐标系的对刀方法

根据上述对刀的方法可知，对刀时如果用 G92 指令建立工件坐标系，关机后建立的工件坐标系将丢失，因此对于批量加工的工件，即使工件依靠夹具能在工作台上准确定位，用 G92 指令来对刀和建立工件坐标系就不太方便，这时经常使用和机床参考点位置相对固定的工件坐标系，分别通过 G54～G59 这 6 个指令来选择对应的工件坐标系，并依次称它们为第 1 工件坐标系、第 2 工件坐标系、……、第 6 工件坐标系。这 6 个工件坐标系是通过输入每个工件坐标系的原点到机床参考点的偏移值而建立的，并且可以为 6 个工件坐标系指定一个外部工件零点偏移值作为共同偏移值。

我们最常使用 G54 来设定工件坐标系，后面会针对不同的机床操作系统，给出相应的对刀步骤。

练一练

阅读上述操作过程，判断下列做法是否安全（安全的打“√”，不安全的打“×”）

1. 在对刀时，主轴转速应小于 300 r/min。（　　）

2. 在对刀时，选择×100 倍率，顺时针旋转手轮，使刀具靠近毛坯。（　　）

3. 在完成工件一侧的对刀操作后，在不抬起 Z 轴的情况下直接进行另一侧边的对刀操作。（　　）

第二部分　计划与实施

引导问题

本任务是在数控铣床上完成正方形凸台加工，那么在加工前，我们要做哪些准备工作?

一、 生产前的准备

1. 认真阅读零件图， 完成下表

项　　目	分 析 内 容
标题栏信息	零件名称：＿＿＿＿＿＿零件材料： 毛坯规格：＿＿＿＿＿＿＿＿＿
零件形体	描述零件主要结构：＿＿＿＿＿＿＿＿＿

2. 工量具准备

夹具：＿＿＿＿＿＿

刀具：＿＿＿＿＿＿＿＿＿＿＿

量具：＿＿＿＿＿＿＿＿＿＿＿

其他工具或辅件：＿＿＿＿＿＿＿＿＿＿＿

3. 填写工序卡

工序卡

单位名称		数控加工工序卡	零件名称	零件图号	材料	硬度

工序号	工序名称	加工车间	设备名称	设备型号	夹具
			数控铣床		

工步号	工步内容	刀具类型	刀具规格/mm	程序名	切削速度/(m/min)	主轴转速/(r/min)	进给量/(mm/r)	进给速度/(mm/min)	背吃刀量/mm	进给次数	备注
编制		审核			批准		共　页		第　页		

注：1. 切削速度与主轴转速任选一个进行填写；

2. 进给量与进给速度任选一个进行填写。

引导问题

要在数控铣床上自动完成正方形轮廓件的加工，应如何编写加工程序？

二、 手工编程

根据填写的工序卡，手工编写正方形外形数控加工程序，在下划线处填写合适数值，完成程序编写。

数控程序单

80×80 正方形外形加工程序

序　号	程序内容	备　注
1	O0001；	程序名
2	G90　G80 G40 G54；	系统复位
3	G00 X-65 Y-65 M3 S____；	刀具 X、Y 方向定位，主轴下转启动
4	Z100；	刀具 Z 方向到安全高度
5	Z5；	刀具 Z 方向到进给下刀位
6	G01 Z-2 F____；	刀具 Z 方向进给下刀
7	G01 X____ Y____ F____；	切削加工到第一节点
8	G01 X____ Y____；	切削加工到第二节点
9	G01 X____ Y____；	切削加工到第三节点
10	G01 X____ Y____；	切削加工到第四节点
11	G01 X____ Y____；	切削加工到第一节点
12	G00 Z100；	刀具 Z 方向抬刀至安全高度
13	M05；	主轴停止
14	M30；	程序结束，返回程序开始

引导问题

按照怎样的步骤才能加工出合格零件？

三、 在数控铣床上完成零件加工

按下列操作步骤，分步完成零件加工，并记录操作过程。

1. 开机

(1) 打开电源

操作步骤	操 作 内 容	过 程 记 录
1	打开外部电源开关	
2	打开机床电柜总开关:机床上电	
3	打开稳压器电源	
4	按下操作面板上的绿色电源按钮 POWER ON:系统上电	
5	等待系统进入待机画面后,打开紧急停止按钮	

(2) 手动回参考点

操作步骤	操 作 内 容	过 程 记 录
1	按下返回参考点按钮	
2	在 X Y Z 按下 Z 轴按钮,选择 Z 轴回参考点	
3	在 + - 按下+方向按钮,Z 轴往正方向回参考点	
4	调节进给倍率开关,控制返回参考点速度	
5	在 X Y Z 按下 X 轴	
6	在 + - 按下+方向按钮,X 轴往正方向回参考点	
7	在 X Y Z 按下 Y 轴	
8	在 + - 按下+方向按钮,Y 轴往正方向回参考点	

2. 装夹毛坯

将毛坯装夹在平口钳上，夹好后要保证钳口上表面与毛坯夹位底面贴紧。

3. 选刀、装刀

操作步骤	操 作 内 容	过 程 记 录
1	根据加工要求,选择刀具	
2	选择相关夹套,将刀具装到刀柄上并锁紧	
3	在手动或手轮模式,按下锁刀按钮,将刀具放入主轴锥孔(注意保持主轴锥孔及刀柄的清洁),注意主轴矩形突起要正好卡入刀柄矩形缺口处,松开锁刀按钮,刀具即被主轴拉紧	

4. MDI 状态启动主轴

操作步骤	操作内容	过程记录
1	在 MDI 模式,多次按程序 PROG 按钮直到显示 MDI 页面	
2	输入 M3 S500,按 INSERT	
3	按循启动按钮,主轴正转启动	

5. 使用刀具进行分中对刀

操作步骤	操作内容	过程记录
1	在手动模式,在 X Y Z 按 X 轴按钮,长按 + - 上"+"或"-",使刀具靠近毛坯左侧,刀具底低于毛坯上表面 5mm	
2	通过调节进给倍率调整进给速度,注意刀具位置防止撞刀	
3	换手轮模式,选择 X 轴,选择×100 倍率,顺时针旋转手轮,使刀具进一步靠近毛坯,然后选择×10 倍率,顺时针分步一格一格的旋转手轮,当刀具切削到工件时停止	
4	在 POS 页面,选择相对坐标,输入 X0,按第一个软键 [预定][起源] 预定,将 X 轴相对坐标清零	
5	选择 Z 轴,选择×100 倍率,顺时针旋转手轮,抬刀至高于毛坯上表面 5mm 的位置	
6	选择 X 轴,选择×100 倍率,顺时针旋转手轮,移动刀具至毛坯右侧	
7	选择 Z 轴,选择×100 倍率,逆时针旋转手轮,下刀至低于毛坯上表面 5mm 的位置	
8	选择 X 轴,选择×10 倍率,逆时针旋转手轮,移动刀具靠近毛坯,当刀具切削到毛坯时停止,记录 X 轴相对坐标数值 Δ	
9	选择 Z 轴,选择×100 倍率,顺时针旋转手轮,抬刀至高于毛坯上表面 5mm 的位置	
10	选择 X 轴,选择×100 倍率,逆时针旋转手轮,移动刀具至 X 相对坐标值 $\Delta/2$ 的位置	
11	在 POS 页面,选择相对坐标,输入 X0,按第一个软键 [预定][起源] 预定,将 X 轴相对坐标清零	

续表

操作步骤	操作内容	过程记录
12	选择 Y 轴，选择×100 倍率，顺时针旋转手轮，使刀具移动到毛坯后面	
13	选择 Z 轴，选择×100 倍率，逆时针旋转手轮，下刀至低于毛坯上表面 5mm 的位置	
14	选择 Y 轴，选择×10 倍率，逆时针旋转手轮，移动刀具靠近毛坯，当刀具切削到毛坯时停止	
15	在 POS 页面，选择相对坐标，按 Y0，按第一个软键 [预定][起源] 预定，将 Y 轴相对坐标清零	
16	选择 Z 轴，选择×100 倍率，顺时针旋转手轮，抬刀至高于毛坯上表面 5mm 的位置	
17	选择 Y 轴，选择×100 倍率，顺时针旋转手轮，移动刀具至毛坯前面	
18	选择 Z 轴，选择×100 倍率，逆时针旋转手轮，下刀至低于毛坯上表面 5mm 的位置	
19	选择 Y 轴，选择×10 倍率，顺时针旋转手轮，移动刀具靠近毛坯，当刀具切削到毛坯时停止，记录 Y 相对坐标数值 Δ	
20	选择 Z 轴，选择×100 倍率，顺时针旋转手轮，抬刀至高于毛坯上表面 5mm 的位置	
21	选择 Y 轴，选择×100 倍率，顺时针旋转手轮，移动刀具至 Y 相对坐标值 $\Delta/2$ 的位置	
22	在 POS 页面，选择相对坐标，输入 Y0，按第一个软键 [预定][起源] 预定，将 Y 轴相对坐标清零	
23	选择 Z 轴，选择×10 倍率，逆时针旋转手轮，移动刀具，当刀具切削到毛坯时停止	
24	在 POS 页面，选择相对坐标，按 Z0，按第一个软键 [预定][起源] 预定，将 Z 轴相对坐标清零	
25	在 OFFSET SETTING 页面，使用 ← ↑ ↓ → 将光标移到 G54 坐标参数 X 位置，输入“X0”，按软键“测量”，将当前 X 轴机械坐标值输入到 G54 X 轴参数，输入“Y0”，按软键“测量”，将当前 Y 轴机械坐标值输入到 G54 Y 轴参数，输入“Z0”，按软键“测量”，将当前 Y 轴机械坐标值输入到 G54 Z 轴参数	
26	抬主轴至安全高度，停主轴，完成对刀操作	

6. 录入并校验程序

操作步骤	操作内容	过程记录
1	在编辑模式，选择PROG页面	
2	录入加工程序	
3	选择OFFSET SETTING页面，偏移工件坐标系，向Z轴正方向偏移50mm	
4	选择页面，选择需要校验的加工程序	
5	在自动加工模式下，选择单段，按循启动按钮，机床开始空运行	
6	按CUSTOM GRAPH模拟加工路径界面，检查刀具走刀轨迹是否正确	
7	根据实际加工情况修改程序，直到程序能正确空运行为止	
8	选择OFFSET SETTING页面，回正偏移工件坐标系	

7. 自动运行，完成加工

操作步骤	操作内容	过程记录
1	在自动模式，选择单段，按循环启动，开始运行程序	
2	将进给倍率开关旋到1%的位置 	
3	重复按循环启动，一段段执行程序	
4	程序运行到"Z5;"这一段前，通过进给倍率开关控制刀具移动速度，随时观察刀具位置是否正确	
5	运行到"Z5"时检查刀具位置正确，则关闭单段模式	
6	按循环启动，将倍率开关调整为100%，进行切削加工 	
7	完成加工	

8. 清理机床，整理工量辅具等

操作步骤	操作内容	过程记录
1	从机床上将刀柄卸下来(与装刀顺序相反)，注意保护刀具不要让其从主轴上掉下来，对于较重刀具或力量不够的同学要请求其他同学进行帮助保护	
2	将刀具从刀柄上卸下来	
3	机床 Z 轴手动回参考点，移动 X、Y 轴使工作台处于床身中间位置	
4	清理机床平口钳和工作台上的切屑	
5	用抹布擦拭机床外表面、操作面板、工作台、工具柜等	
6	整理工量辅具及刀具等，需要归还的及时归还	
7	按要求清理工作场地，填写交接班表等表格	

第三部分　评价与反馈

一、自我评价

任务名称：________________

评价项目	是	否
1. 能否分析出零件的正确形体		
2. 前置作业是否全部完成		
3. 是否完成了小组分配的任务		
4. 是否认为自己在小组中不可或缺		
5. 这次课是否严格遵守了课堂纪律		
6. 在本次任务的学习过程中，是否主动帮助同学		
7. 对自己的表现是否满意		

二、小组评价

序　号	评 价 项 目	评价(1～10)
1	团队合作意识，注重沟通	
2	能自主学习及相互协作，尊重他人	

续表

序号	评价项目	评价（1～10）
3	学习态度积极主动，能参加安排的活动	
4	服从教师的教学安排，遵守学习场所管理规定，遵守纪律	
5	能正确地领会他人提出的学习问题	
6	遵守学习场所的规章制度	
7	工作岗位的责任心	
8	学习主动	
9	能正确对待肯定和否定的意见	
10	团队学习中主动与合作的情况如何	

评价人：____________ 年 月 日

三、 教师评价

序号	项目	教师评价			
		优	良	中	差
1	按时上、下课				
2	着装符合要求				
3	遵守课堂纪律				
4	学习的主动性和独立性				
5	工具、仪器使用规范				
6	主动参与工作现场的6S工作				
7	工作页填写完整				
8	与小组成员积极沟通并协助其他成员共同完成任务				
9	会快速查阅各种手册等资料				
10	教师综合评价				

第四部分 学习拓展

如图2-10所示台阶面，毛坯100mm×100mm×30mm，根据零件图的要求，采用编程加工方式完成该零件的铣削加工。

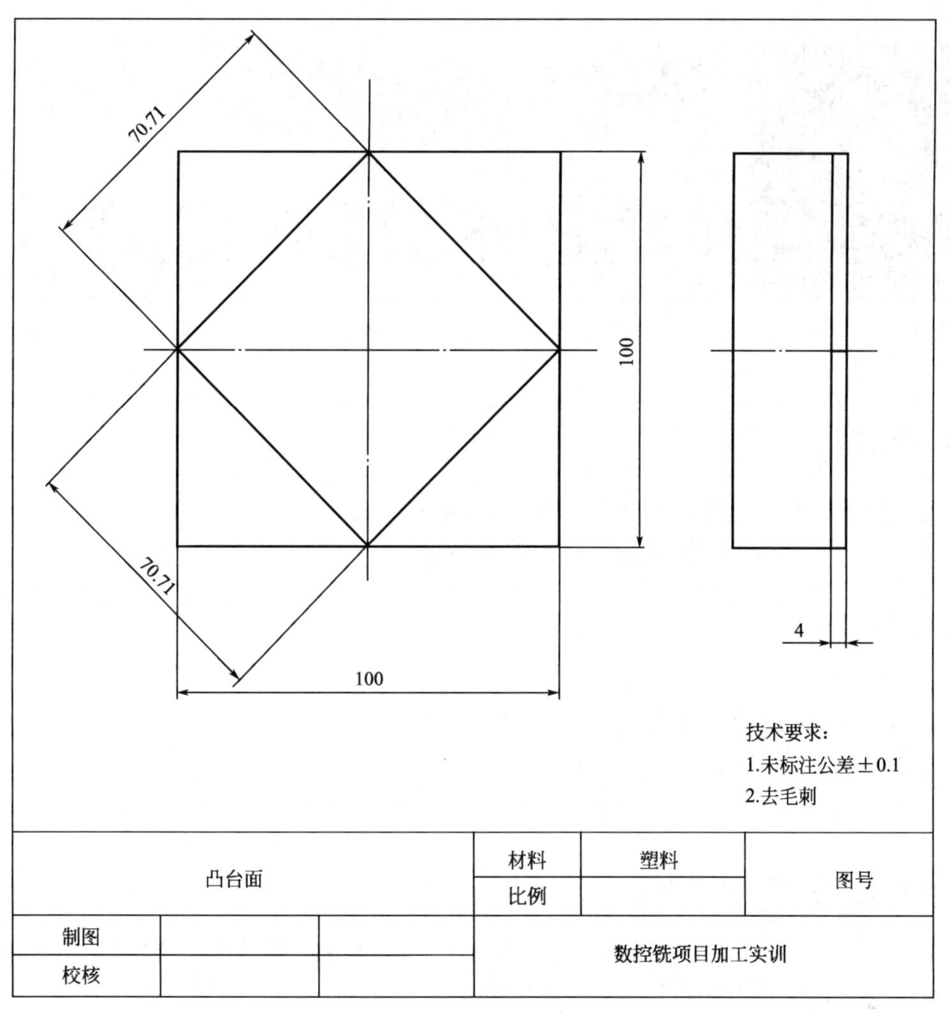

图 2-10　学习拓展训练图

任务三 外形轮廓件加工（六边形外形加工）

能力目标

通过六边形外形加工任务的学习，学生能完成以下任务：

① 叙述 G40、G41、G42 等指令的含义及格式；

② 按安全文明生产操作要求，根据零件图纸，以小组工作的形式，制定六边形外形轮廓件的加工工艺；

③ 运用三角函数知识进行六边形节点坐标计算；

④ 使用刀具半径补偿指令编写六边形加工程序；

⑤ 在单段模式下完成六边形轮廓的首件试切加工；

⑥ 采用改变刀补值的方式进行粗、精加工，控制加工尺寸。

任务描述

如图 3-1 所示正六凸台，毛坯 100mm×100mm×30mm，根据零件图的要求，完成该零件的铣削加工，任务完成后提交成品及检验报告。

第一部分　学习准备

引导问题

当刀具磨损或刀具重磨后，刀具半径变小，将影响到精度，该问题应如何解决？

一、 刀具半径补偿指令

1. G41 左刀补

G41——左刀补，顺着刀具前进的方向看，刀具位于工件轮廓的左边，这种切削方式又称为顺铣，如图 3-2 所示。在实际加工中顺铣能得到更高的精度并延长刀具的使用寿命，在可能的情况下尽量使用顺铣。

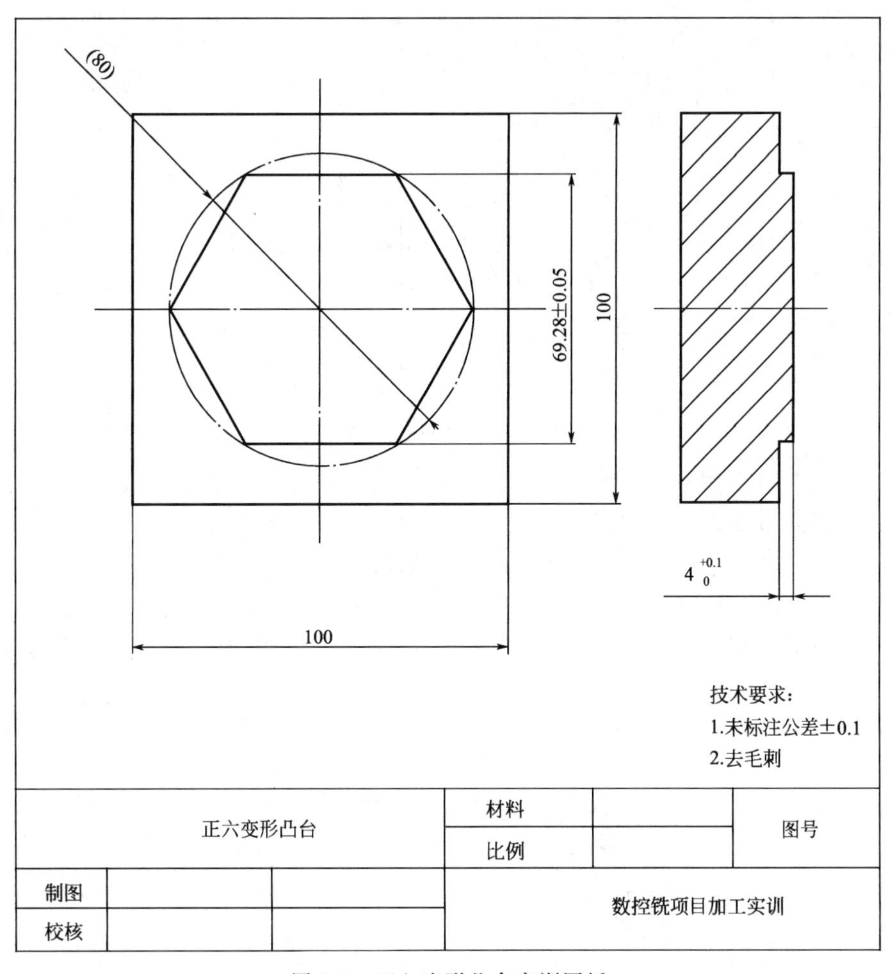

图 3-1　正六边形凸台实训图纸

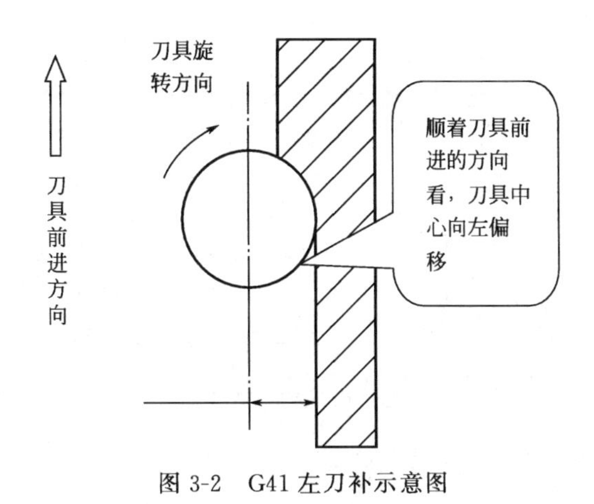

图 3-2　G41 左刀补示意图

2. G42 右刀补

G42——右刀补，顺着刀具进给方向看，刀具位于工件轮廓的右边，这种切削方式又称为逆铣，如图 3-3 所示。

G40：取消刀具半径补偿。

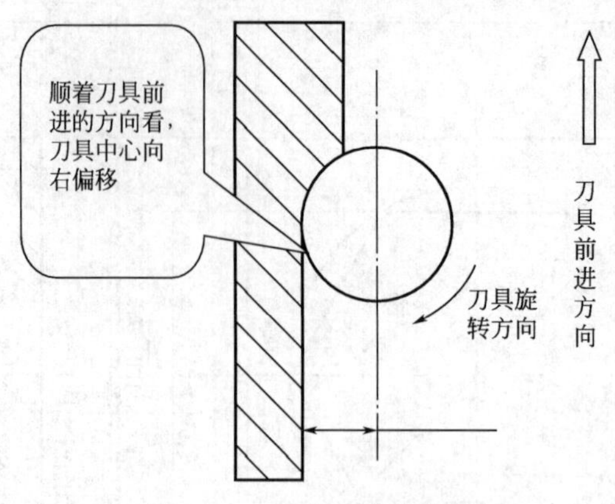

图 3-3　G42 右刀补示意图

注：应用刀具半径补偿指令加工时，刀具的中心始终与工件轮廓相距一个刀具半径距离。当刀具磨损或刀具重磨后，刀具半径变小，只需在刀具补偿值中输入改变后的刀具半径，而不必修改程序。在采用同一把半径为 R 的刀具，并用同一个程序进行粗、精加工时，设精加工余量为 Δ，则粗加工时设置的刀具半径补偿量为 $R+\Delta$，精加工时设置的刀具半径补偿量为 R，就能在粗加工后留下精加工余量 Δ，然后，在精加工时完成切削。如图 3-4 所示。

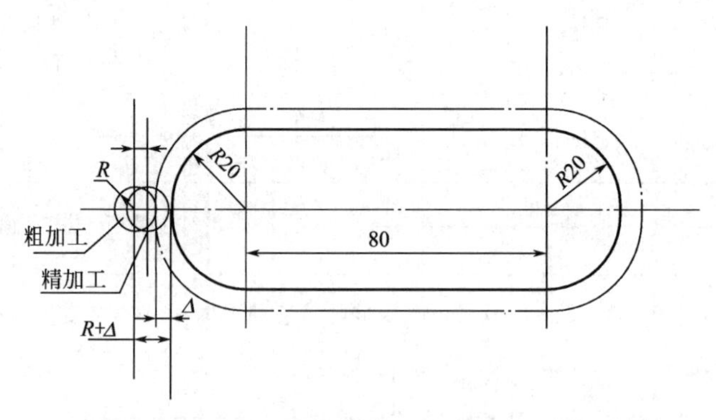

图 3-4　运用刀具半径补偿功能进行粗、精加工

练一练

根据上述资料可知，希望得到更高的加工精度并延长刀具的使用寿命应该选择________的加工方式。

采用一把半径为 6mm 的刀具，在工具上加工出一个直径 12mm 的凸台，加工时设置的刀具半径补偿量为 7mm，加工后到凸台直径为________。

引导问题

在进行六边形外形加工加工前，需要确定各个节点的坐标，如何计算各节点在坐标系中的坐标?

二、 六边形六个顶点坐标计算

因为六边形的外接圆半径为 19mm，所以正六边形的边长为 19mm。如图 3-5 所示，$AN=19/2$mm，$OA=19$mm（外接圆半径）；根据勾股定理可得：$ON^2=OA^2-AN^2$。通过计算可得到 ON 数值。

最后得到 A 点的坐标（AN，ON）。通过同样的方法可以计算出其他点的坐标。

练一练

请完成六边形各个点在坐标系中位置的计算，并完成下面空格的填写：

A 点坐标（________，________）；

B 点坐标（________，________）；

C 点坐标（________，________）；

D 点坐标（________，________）；

E 点坐标（________，________）；

F 点坐标（ 19 ， 0 ）；

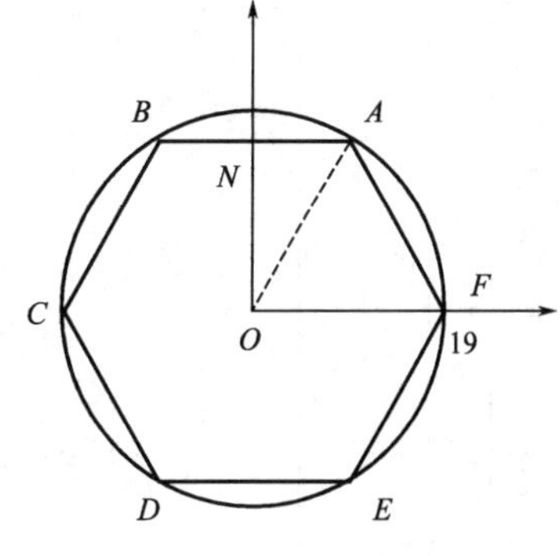

图 3-5 正六边形坐标计算

第二部分 计划与实施

引导问题

本次课需要在数控铣床上完成六边形的加工，加工前，要做哪些准备工作呢？

一、 生产前的准备

1. 认真阅读零件图，完成下表

项　目	分析内容
标题栏信息	零件名称：________ 零件材料：________ 毛坯规格：________
零件形体	描述零件主要结构：________

2. 工量具准备

夹具：________

刀具：________

量具：________

其他工具或辅件：________

3. 填写工序卡

工序卡

单位名称		数控加工工序卡					零件名称		零件图号	材料	硬度
工序号	工序名称	加工车间			设备名称		设备型号			夹具	
					数控铣床						
工步号	工步内容	刀具类型	刀具规格/mm	程序名	切削速度/(m/min)	主轴转速/(r/min)	进给量/(mm/r)	进给速度/(mm/min)	背吃刀量/mm	进给次数	备注
编制		审核			批准			共页		第页	

注：1. 切削速度与主轴转速任选一个进行填写；

2. 进给量与进给速度任选一个进行填写。

引导问题

要在数控铣床上自动完成六边形轮廓件的加工，需要编写六边形轮廓的加工程序。那么加工程序应如何编写呢？

二、 手工编程

根据填写的工序卡，手工编写正六边形外形数控加工程序，在下划线处填写合适数值，完成程序编写。

外接圆直径为 80mm 的正六边形外形加工程序：

序号	程 序 内 容	备　　注
1	O0001；	程序名
2	G90　G80 G40 G54；	系统复位
3	G00 X ____ Y0 M3 S ____；	刀具 X、Y 方向定位，主轴下转启动
4	Z100；	刀具 Z 方向到安全高度
5	Z5；	刀具 Z 方向到进给下刀位
6	G01 Z-4 F ____；	刀具 Z 方向进给下刀
7	G41 X ____ Y0 ____ D ____ F ____；	刀具半径补偿左补偿至第一节点
8	G01 X ____ Y ____；	切削加工到第二节点
9	G01 X ____ Y ____；	切削加工到第三节点
10	G01 X ____ Y ____；	切削加工到第四节点
11	G01 X ____ Y ____；	切削加工到第五节点
12	G01 X ____ Y ____；	切削加工到第六节点
13	G01 X ____ Y ____；	切削加工到第一节点
14	G40 X ____ Y0；	取消刀具半径补偿，刀具移动至下刀点
15	G00 Z100；	刀具 Z 方向抬刀至安全高度
16	M05；	主轴停止
17	M30；	程序结束，返回程序开始

引导问题

按照怎样的步骤才能加工出合格零件？

三、 在数控铣床上完成零件加工

按下列操作步骤，分步完成零件加工，并记录操作过程。

1. 开机

（1）打开电源

操作步骤	操作内容	过程记录
1	打开外部电源开关	
2	打开机床电柜总开关:机床上电	
3	打开稳压器电源	
4	按下操作面板上的绿色电源按钮 POWER ON:系统上电	
5	等待系统进入待机画面后,打开紧急停止按钮	

（2）手动回参考点

操作步骤	操作内容	过程记录
1	按下返回参考点按钮	
2	在 X Y Z 按下 Z 轴按钮,选择 Z 轴回参考点	
3	在 + - 按下+方向按钮,Z 轴往正方向回参考点	
4	调节进给倍率开关,控制返回参考点速度	
5	在 X Y Z 按下 X 轴	
6	在 + - 按下+方向按钮,X 轴往正方向回参考点	
7	在 X Y Z 按下 Y 轴	
8	在 + - 按下+方向按钮,Y 轴往正方向回参考点	

2. 装夹毛坯

将毛坯装夹在平口钳上，已经加工好的夹位做为夹持位，夹好后要保证钳口上表面与毛坯夹位底面贴紧。

3. 选刀、装刀

操作步骤	操作内容	过程记录
1	根据加工要求,选择刀具	
2	选择相关夹套,将刀具装到刀柄上并锁紧	
3	在手动或手轮模式,按下锁刀按钮,将刀具放入主轴锥孔(注意保持主轴锥孔及刀柄的清洁),注意主轴矩形突起要正好卡入刀柄矩形缺口处,松开锁刀按钮,刀具即被主轴拉紧	

4. MDI 状态启动主轴

操作步骤	操作内容	过程记录
1	在 MDI 模式，多次按程序 PROG 按钮直到显示 MDI 页面	
2	输入 M3 S500，按 INSERT	
3	按循启动按钮，主轴正转启动	

5. 使用刀具进行分中对刀

操作步骤	操作内容	过程记录
1	在手动模式，在 X Y Z 按 X 轴按钮，长按 + - 上“+”或“-”，使刀具靠近毛坯左侧，刀具底低于毛坯上表面 5mm	
2	通过调节进给倍率调整进给速度，注意刀具位置防止撞刀	
3	换手轮模式，选择 X 轴，选择×100 倍率，顺时针旋转手轮，使刀具进一步靠近毛坯，选择×10 倍率，顺时针分步一格一格的旋转手轮，当刀具切削到工件时停止	
4	在 POS 页面，选择相对坐标，输入 X0，按第一个软键 [预定] [起源] 预定，将 X 轴相对坐标清零	
5	选择 Z 轴，选择×100 倍率，顺时针旋转手轮，抬刀至高于毛坯上表面 5mm 的位置	
6	选择 X 轴，选择×100 倍率，顺时针旋转手轮，移动刀具至毛坯右侧	
7	选择 Z 轴，选择×100 倍率，逆时针旋转手轮，下刀至低于毛坯上表面 5mm 的位置	
8	选择 X 轴，选择×10 倍率，逆时针旋转手轮，移动刀具靠近毛坯，当刀具切削到毛坯时停止，记录 X 轴相对坐标数值 Δ	
9	选择 Z 轴，选择×100 倍率，顺时针旋转手轮，抬刀至高于毛坯上表面 5mm 的位置	
10	选择 X 轴，选择×100 倍率，逆时针旋转手轮，移动刀具至 X 相对坐标值 $\Delta/2$ 的位置	
11	在 POS 页面，选择相对坐标，输入 X0，按第一个软键 [预定] [起源] 预定，将 X 轴相对坐标清零	
12	选择 Y 轴，选择×100 倍率，顺时针旋转手轮，使刀具移动到毛坯后面	

续表

操作步骤	操作内容	过程记录
13	选择 Z 轴,选择×100 倍率,逆时针旋转手轮,下刀至低于毛坯上表面 5mm 的位置	
14	选择 Y 轴,选择×10 倍率,逆时针旋转手轮,移动刀具靠近毛坯,当刀具切削到毛坯时停止	
15	在 POS 页面,选择相对坐标,输入 Y0,按第一个软键 [预定][起源] 预定,将 Y 轴相对坐标清零	
16	选择 Z 轴,选择×100 倍率,顺时针旋转手轮,抬刀至高于毛坯上表面 5mm 的位置	
17	选择 Y 轴,选择×100 倍率,顺时针旋转手轮,移动刀具至毛坯前面	
18	选择 Z 轴,选择×100 倍率,逆时针旋转手轮,下刀至低于毛坯上表面 5mm 的位置	
19	选择 Y 轴,选择×10 倍率,顺时针旋转手轮,移动刀具靠近毛坯,当刀具切削到毛坯时停止,记录 Y 轴相对坐标数值 Δ	
20	选择 Z 轴,选择×100 倍率,顺时针旋转手轮,抬刀至高于毛坯上表面 5mm 的位置	
21	选择 Y 轴,选择×100 倍率,顺时针旋转手轮,移动刀具至 Y 相对坐标值 $\Delta/2$ 的位置	
22	在 POS 页面,选择相对坐标,输入 Y0,按第一个软键 [预定][起源] 预定,将 Y 轴相对坐标清零	
23	选择 Z 轴,选择×10 倍率,逆时针旋转手轮,移动刀具,当刀具切削到毛坯时停止	
24	在 POS 页面,选择相对坐标,按 Z0,按第一个软键 [预定][起源] 预定,将 Z 轴相对坐标清零	
25	在 OFFSET SETTING 页面,使用 ← ↑ ↓ → 将光标移到 G54 坐标参数 X 位置,输入"X0",按软键"测量",将当前 X 轴机械坐标值输入到 G54 X 轴参数,输入"Y0",按软键"测量",将当前 Y 轴机械坐标值输入到 G54 Y 轴参数,输入"Z0",按软键"测量",将当前 Y 轴机械坐标值输入到 G54 Z 轴参数	
26	抬主轴至安全高度,停主轴,完成对刀操作	

6. 录入并校验程序

操作步骤	操作内容	过程记录
1	在[编辑]编辑模式，选择[PROG]页面	
2	录入加工程序	
3	选择[OFFSET SETTING]页面，偏移工件坐标系，向 Z 轴正方向偏移50mm	
4	选择[PROG]页面，选择需要校验的加工程序	
5	在[自动]自动加工模式下，选择[单段]单段，按循启动[循环启动]按钮，机床开始空运行	
6	按[CUSTOM GRAPH]模拟加工路径界面，检查刀具走刀轨迹是否正确	
7	根据实际加工情况修改程序，直到程序能正确空运行为止	
8	选择[OFFSET SETTING]页面，回正偏移工件坐标系	

7. 自动运行，完成加工

操作步骤	操作内容	过程记录
1	在[自动]自动模式，选择[单段]单段，按[循环启动]循环启动，开始运行程序	
2	将[进给倍率开关]进给倍率开关旋到1%的位置 	
3	重复按[循环启动]循环启动，一段段执行程序	
4	程序运行到"Z5;"这一段前，通过进给倍率开关控制刀具移动速度，随时观察刀具位置是否正确	
5	运行到"Z5;"时检查刀具位置正确，则关闭[单段]单段模式	
6	按[循环启动]循环启动，将倍率开关调整为[进给倍率开关]100%，进行切削加工 	
7	完成加工	

8. 清理机床，整理工量辅具等

操作步骤	操作内容	过程记录
1	从机床上将刀柄卸下来(与装刀顺序相反),注意保护刀具不要让其从主轴上掉下来,对于较重刀具或力量不够的同学要请求其他同学进行帮助保护	
2	将刀具从刀柄上卸下来	
3	机床 Z 轴手动回参考点,移动 X、Y 轴使工作台处于床身中间位置	
4	清理机床平口钳和工作台上的切屑	
5	用抹布擦拭机床外表面、操作面板、工作台、工具柜等	
6	整理工量辅具及刀具等,需要归还的及时归还	
7	按要求清理工作场地,填写交接班表等表格	

第三部分 评价与反馈

一、 自我评价

任务名称：________________________

评价项目	是	否
1. 能否分析出零件的正确形体		
2. 前置作业是否全部完成		
3. 是否完成了小组分配的任务		
4. 是否认为自己在小组中不可或缺		
5. 这次课是否严格遵守了课堂纪律		
6. 在本次任务的学习过程中,是否主动帮助同学		
7. 对自己的表现是否满意		

二、 小组评价

序号	评价项目	评价(1～10)
1	团队合作意识,注重沟通	
2	能自主学习及相互协作,尊重他人	

续表

序　号	评价项目	评价(1～10)
3	学习态度积极主动,能参加安排的活动	
4	服从教师的教学安排,遵守学习场所管理规定,遵守纪律	
5	能正确地领会他人提出的学习问题	
6	遵守学习场所的规章制度	
7	工作岗位的责任心	
8	学习主动	
9	能正确对待肯定和否定的意见	
10	团队学习中主动与合作的情况如何	

评价人:____________　　　　年　　月　　日

三、 教师评价

序　号	项　目	教师评价			
		优	良	中	差
1	按时上、下课				
2	着装符合要求				
3	遵守课堂纪律				
4	学习的主动性和独立性				
5	工具、仪器使用规范				
6	主动参与工作现场的6S工作				
7	工作页填写完整				
8	与小组成员积极沟通并协助其他成员共同完成任务				
9	会快速查阅各种手册等资料				
10	教师综合评价				

第四部分　学习拓展

如图 3-6 所示正八凸台，毛坯 100mm×100mm×30mm，根据零件图的要求，完成该零件的铣削加工。

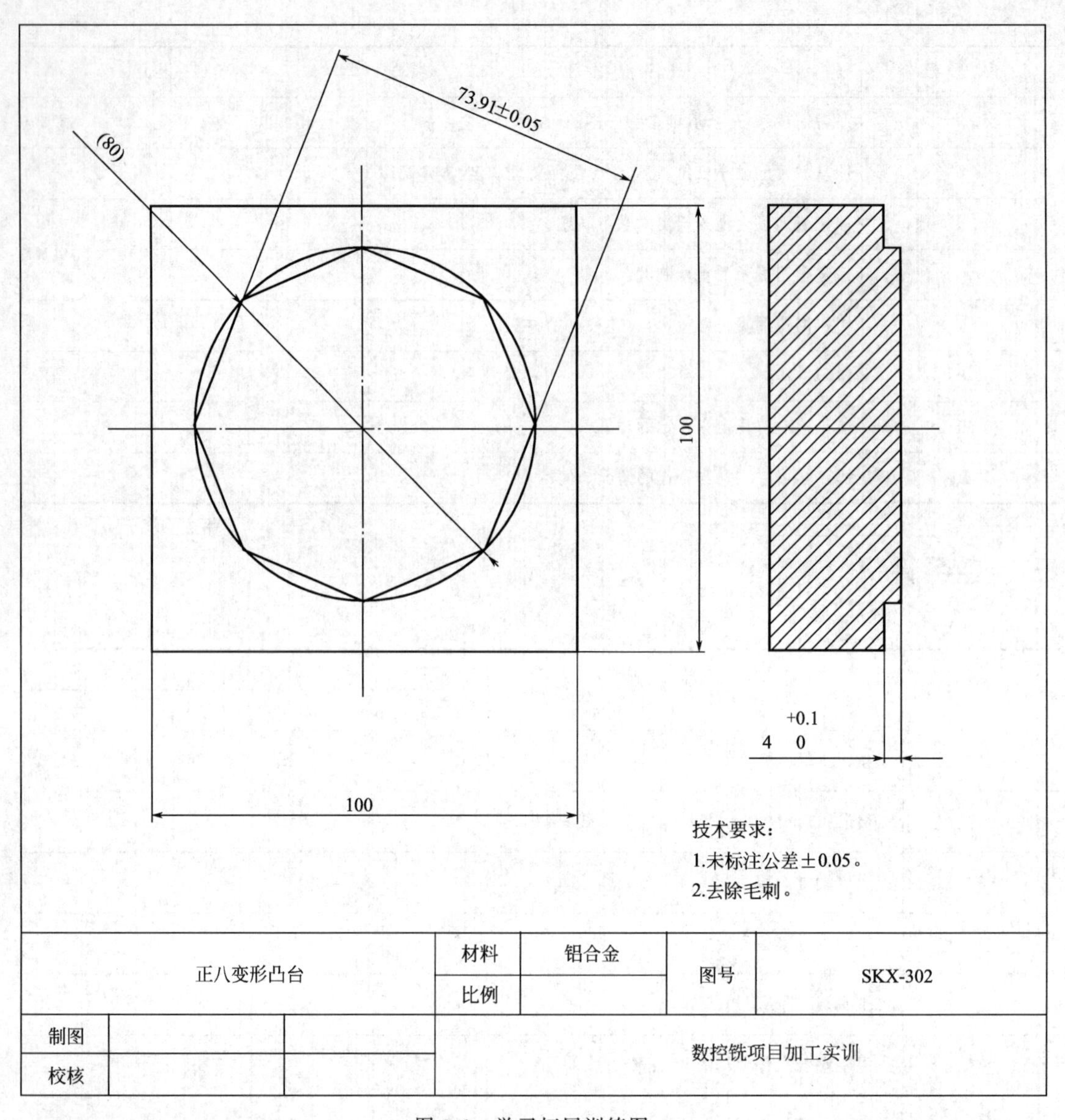
73.91±0.05
(80)
100
100
+0.1
4 0
技术要求：
1.未标注公差±0.05。
2.去除毛刺。
正八变形凸台
材料
铝合金
比例
图号
SKX-302
制图
校核
数控铣项目加工实训

图 3-6　学习拓展训练图

任务四　带圆弧工件加工

能力目标

通过带圆弧件加工这一任务的学习，学生能完成以下任务：

① 叙述 G02、G03 等指令的含义及格式，用 G02、G03 指令进行全圆铣削；

② 编写带斜线下刀的键槽加工程序；

③ 以小组工作的形式，制定使用立铣刀加工圆弧工件的加工工艺，填写工序卡；

④ 使用寻边器对工作进行分中对刀；

⑤ 完成带圆弧工件加工，控制加工尺寸。

任务描述

如图 4-1 所示工件图纸，毛坯 100mm×100mm×30mm，根据零件图的要求，完成该零件的铣削加工。

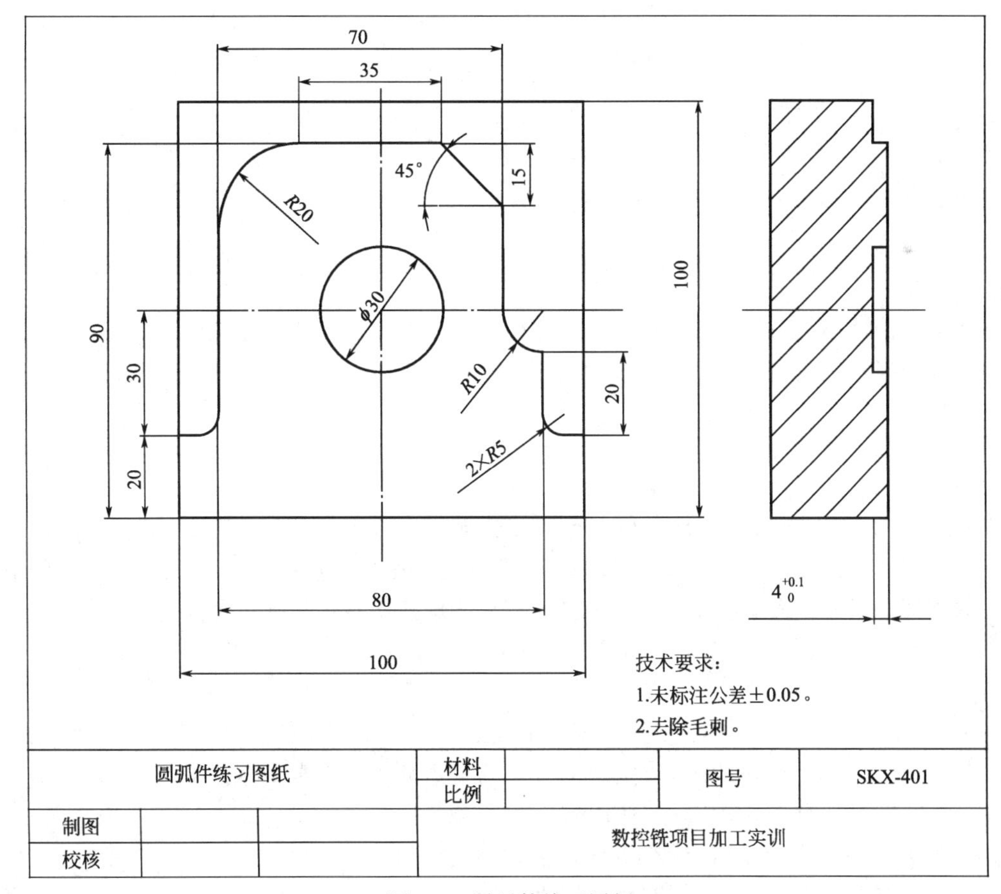

图 4-1　圆弧件练习图纸

第一部分　学习准备

引导问题

数控加工时，圆弧结构的零件比较常见，那么，这类零件的加工程序应该如何编写呢？

一、圆弧插补指令 G02 和 G03

G02 表示按指定速度进给的顺时针圆弧插补指令，G03 表示按指定速度进给的逆时针圆弧插补指令。顺圆、逆圆的判别方法是：沿着不在圆弧平面内的坐标轴由正方向向负方向看去，顺时针方向为 G02，逆时针方向为 G03。

在不同切削平面 G02、G03 应用判别如图 4-2 所示：

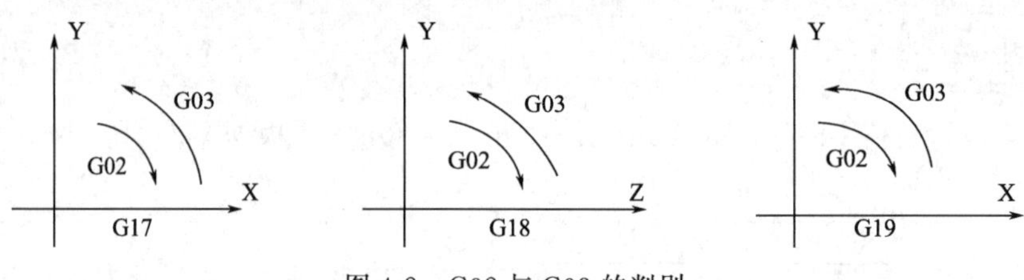

图 4-2　G02 与 G03 的判别

程序格式：

XY 平面：

G17 G02 X _ Y _ I _ J _ （R _） F _

G17 G03 X _ Y _ I _ J _ （R _） F _

ZX 平面：

G18 G02 X _ Z _ I _ K _ （R _） F _

G18 G03 X _ Z _ I _ K _ （R _） F _

YZ 平面：

G19 G02 Z _ Y _ J _ K _ （R _） F _

G19 G03 Z _ Y _ J _ K _ （R _） F _

式中 X、Y、Z 为圆弧终点坐标值，可以用绝对值，也可以用增量值，由 G90 或 G91 决定。由 I、J、K 方式编圆弧时，I、J、K 表示圆心相对于圆弧起点在 X、Y、Z 轴方向上的增量值。若采用圆弧半径方式编程，则 R 是圆弧半径，当圆弧所对应的圆心角为 0°～180°时，R 取正值；当圆心角为 180°～360°时，R 取负值。圆心角为 180°时，R 可取正值也可取负值。

注意：

（1）整圆只能用 I、J、K 来编程。若用半径法以二个半圆相接，其圆度误差会增大。

（2）一般 CNC 铣床开机后，设定为 G17。故在 *XY* 平面铣削圆弧时，可省 G17。

（3）同一程序段同时出现 I、J 和 R 时，以 R 优先。

（4）当 I0 或 J0 或 K0 时，可省不写。

例 1　如图 4-3 所示，设刀具起点在原点 $O \rightarrow A \rightarrow B$，编程如下：

N10 G90 G00 X40 Y60；

N20 G02 X120 R40；（绝对坐标编程，用 R 指令圆心）

或 N20 G02 X120 I40 J0；（绝对坐标编程，用 I、J 指令圆心）

如果刀具是从 $B \rightarrow A$，则程序应该怎样编写？

N10 G90 G00 X __ Y __；

N20 G __ X __ R __；（绝对坐标编程，用 R 指令圆心）

或 N20 G __ X __ I __ J __；（绝对坐标编程，用 I、J 指令圆心）

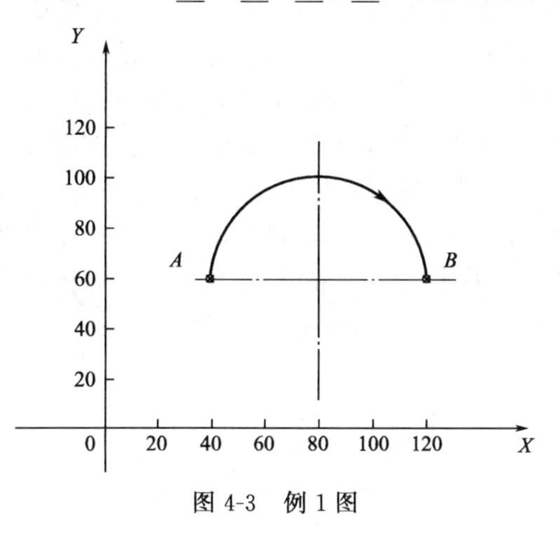

图 4-3　例 1 图

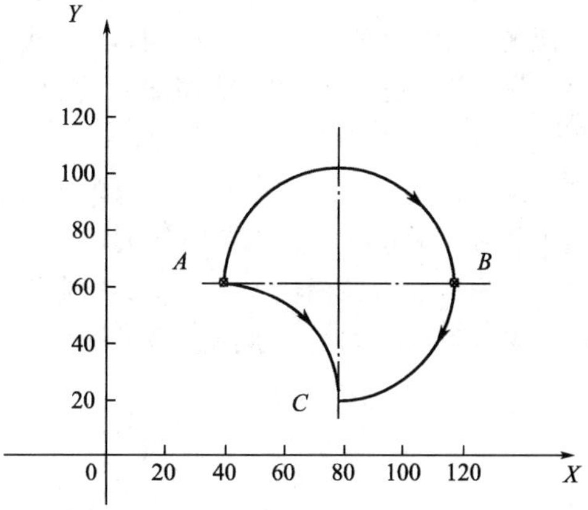

图 4-4　例 2 图

例 2　如图 4-4 所示，设刀具起点在 C 点，$C \rightarrow A \rightarrow B$，编程如下：

G __ X __ Y __ R __；

设刀具起点在 A 点，$A \rightarrow C$，则有下列程序：

G __ X __ Y __ R __；

例 3　如图 4-5 所示，加工整圆，顺铣，左刀补，编程如下：

G __ X __ Y __ I __ J __；

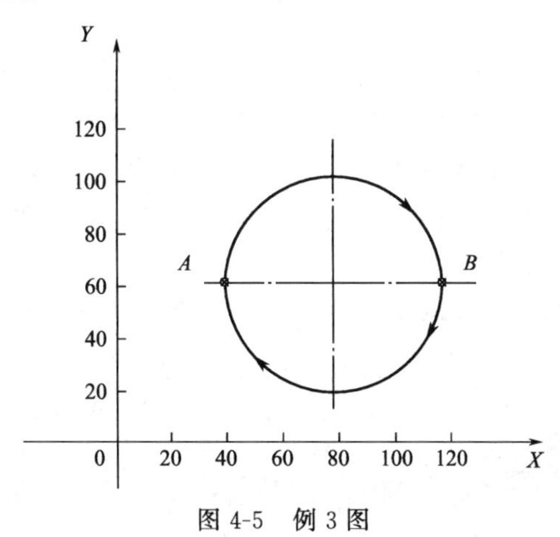

图 4-5　例 3 图

引导问题

使用试切法对刀会有较大的误差，所以试切法对刀通常只在对加工工件精度要求不高时使用，那么工件加工精度要求较高时，应该使用什么方法对刀呢？这个方法应该如何操作？

二、 对刀

1. 寻边器对刀（X、Y方向）

采用寻边器对刀与采用刀具试切对刀相似，只是将刀具换成了寻边器。机械式寻边器是采用离心力的原理进行对刀的，对刀精度较高。若工件端面没有经过加工或比较粗糙，则不宜采用寻边器对刀。寻边器如图 4-6 所示。

将寻边器夹持在机床主轴上，测量端处于下方，主轴转速设定在 400～600r/min 的范围内，使测量端保持偏距 0.5mm 左右，将测量端与工件端面相接触且逐渐逼近工件端面（手动与手轮操作交替进行），测量端由摆动逐步变为相对静止，此时调整倍率，采用微动进给，直到测量端重新产生偏心为止。重复操作几次。此时键入数值时应考虑测量端的半径，即可设定工件原点。光电式寻边器的测头一般为 10mm 的钢球，用弹簧拉紧在光电式寻边器的测杆上，碰到工件时可以退让，并将电路导通，发出光信号。通过光电式寻边器的指示和机床坐标位置可得到被测表面的坐标位置。使用寻边器时，主轴转速不宜过高，当转速过高时，受自身结构影响，误差较大。同时，被测工件端面应有较好的表面粗糙度，以确保对刀精度。

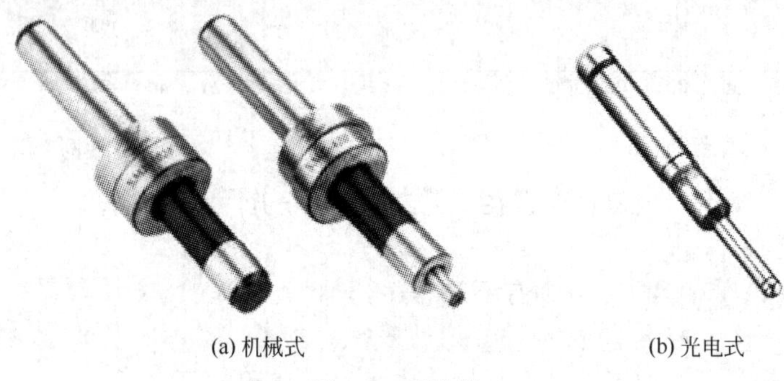

(a) 机械式　　(b) 光电式

图 4-6　寻边器

2. 量块对刀法

设量块厚度为 10 毫米，对刀过程与碰刀对刀过程相似，但刀具不能旋转。当刀具接近工件后，将量块插入刀具与工件之间，若太松或插不进去时，降低倍率，摇动手轮，再将量块插入，如此反复操作，当感觉量块移动有微弱阻力时，即可认为刀具切削刃所在平面与工件表面距离为量块厚度值。进入坐标系界面，将光标移动到 G54 的 Z 处，键入：Z10，按软键“测量”，则工件表面即为 Z 零点。

量块对刀法适用于表面加工过的工件，对刀精度较高。

引导问题

加工键槽时，刀具要从工件上表面切入，但是，如果刀具垂直切入工件，则切削阻力非常大，可能损坏刀具，我们应该如何解决这个问题？

三、 斜线下刀

我国使用的刀具中有立铣刀与键槽刀的分别，由于制造工艺的原因，键槽刀可以直接下刀因为刀具中心可以切削，而立铣刀磨削时采用一夹一顶的方式，刀头中心没刀刃，直接下刀只能铣到四周，中间会有材料顶住造成崩刀，所以采用立铣刀加工内轮廓可以采用斜线下刀的方法，使用铣刀刀尖切削就不会崩刀。斜线下刀如图 4-7 所示。

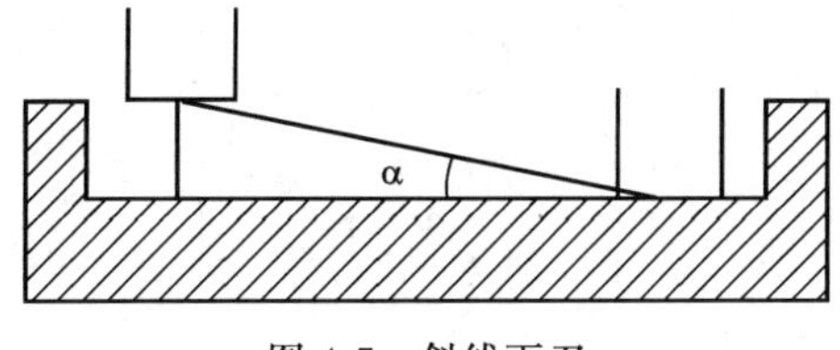

图 4-7　斜线下刀

两个 Z 值不同的点用 G1 走下去就是一根斜线。例如：斜线　G0 X0 Y0 Z0　　G1 X50 Z-10　F200

注意事项：在下刀时，要求下刀路线与工作平面的夹角 α 越小越好。

第二部分　计划与实施

引导问题

本任务是在数控铣床上完成键槽件加工，在加工前，要做哪些准备工作？

一、 生产前的准备

1. 认真阅读零件图，填写下表

项　　目	分析内容
标题栏信息	零件名称：＿＿＿＿＿＿零件材料：＿＿＿＿＿＿ 毛坯规格：＿＿＿＿＿＿
零件形体	描述零件主要结构：＿＿＿＿＿＿＿＿＿＿＿＿
其他技术要求	请描述零件其他技术要求：＿＿＿＿＿＿＿＿＿＿

2. 工量具准备

夹具：＿＿＿＿＿＿＿＿

刀具的种类：＿＿＿＿＿＿＿＿＿＿＿＿

量具的种类：＿＿＿＿＿＿＿＿＿＿＿＿

其他工具或辅件：＿＿＿＿＿＿＿＿＿＿＿＿

3. 填写工序卡

工序卡

单位名称		数控加工工序卡					零件名称		零件图号	材料	硬度
工序号	工序名称	加工车间			设备名称		设备型号			夹具	
					数控铣床						
工步号	工步内容	刀具类型	刀具规格/mm	程序名	切削速度/(m/min)	主轴转速/(r/min)	进给量/(mm/r)	进给速度/(mm/min)	背吃刀量/(mm)	进给次数	备注
编制		审核			批准			共 页		第 页	

注:1. 切削速度与主轴转速任选一个进行填写;

2. 进给量与进给速度任选一个进行填写。

引导问题

键槽件的加工程序该如何编写？

二、 手工编程

根据填写的工序卡，手工编写键槽的数控加工程序，并填入下面的数控程序单中。

数控程序单

序　　号	程 序 内 容	备 注 说 明

引导问题

按照怎样的步骤才能加工出合格的零件？

三、 在数控铣床上完成零件加工

分步完成零件加工，填写生产流程表。

生产流程表

序　　号	生 产 内 容	结 果 记 录
1	装夹工件、刀具、对刀设定工件坐标系	
2	图 SKX-401 零件加工	
3	测量尺寸，记录测量值	
4	拆下清洗工件，去毛刺	
5	零件全部尺寸测量并记录	

第三部分　评价与反馈

一、自我评价

学习任务名称：________________________________

评价项目	是	否
1. 认真阅读并理解数控铣床操作规程		
2. 认真观察学校的数控铣床，并能说出每一部分结构的名称及作用		
3. 认识本次课要使用的所有工量夹具、辅件、刀具等并能按要求正确使用		
4. 正确分析零件的形体，填写工序卡		
5. 认真按照操作步骤指引，独立完成夹位加工		
6. 诚恳接受小组同学的监督指导，有问题虚心向同学及老师请教		
7. 认真做好清理、清扫工作，认真填写好交接班表等表格		

二、小组评价

序号	评价项目	评价
1	着装符合安全操作规范	
2	认真学习“学习准备”中的内容并完成相关工作页	
3	正确完成工作准备，图纸分析及工序卡填写无错误	
4	开机操作正确、规范	
5	装刀动作规范、安全，节奏合理，效率高，刀具装夹长度合适	
6	工件装夹符合加工要求	
7	加工过程严格按照操作指引进行操作，无私自更改操作顺序及内容的行为	
8	接受同学监督，操作过程受到同学质疑时能虚心接受意见，与到有争议时共同探讨或请教老师	
9	操作过程中未出现过切、撞刀等安全事故	
10	机床清扫，工量具、辅具整理合格，交接班等表格填写合格，字迹工整	

评价人：____________　　　　　　　　　　　　　　年　　月　　日

三、教师评价

序号	项目	教师评价			
		优	良	中	差
1	无迟到、早退、中途缺课、旷课等现象				
2	着装符合要求，遵守实训室安全规程				

续表

序　　号	项　　目	教师评价			
		优	良	中	差
3	工作页填写完整				
4	学习积极主动，独立完成加工任务				
5	工量具、刀具使用规范，机床操作规范				
6	夹位加工尺寸合格，有去毛刺及倒角				
7	与小组成员积极沟通并协助其他成员共同完成学习任务				
8	使用机床操作说明书等其他学习材料丰富对数控机床及其操作的认识				
9	认真做好工作现场的6S工作				
10	教师综合评价				

第四部分　学习拓展

如图4-8所示外形轮廓件的加工，相对于前面的零件生产工艺，在夹具、刀具、工艺流程和加工程序等方面要进行哪些修改？按图纸要求对零件编程并完成加工。

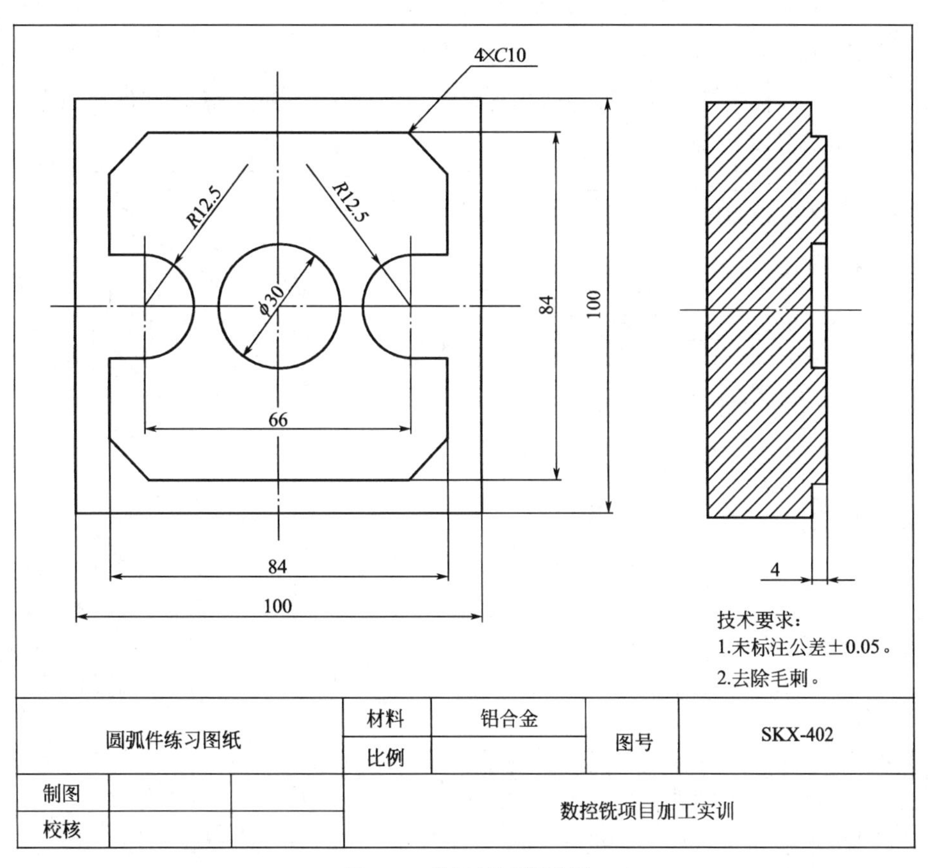

图4-8　学习拓展训练图

任务五 键槽件加工（半圆键槽零件样件加工）

能力目标

通过腔槽件加工这一任务的学习，学生能完成以下任务：

① 叙述 G68、G69 等指令的含义及格式；

② 叙述 M98、M99 指令含义及子程序的格式；

③ 用坐标系旋转指令和子程序编写零件加工程序；

④ 以小组工作的形式，制定使用立铣刀加工零件的加工工艺，填写工序卡；

⑤ 完成腔槽件件加工，控制加工尺寸。

任务描述

如图 5-1 所示键槽零件样件，毛坯 100mm×100mm×30mm，根据图纸完成零件加工，任务完成后提交成品及检验报告。

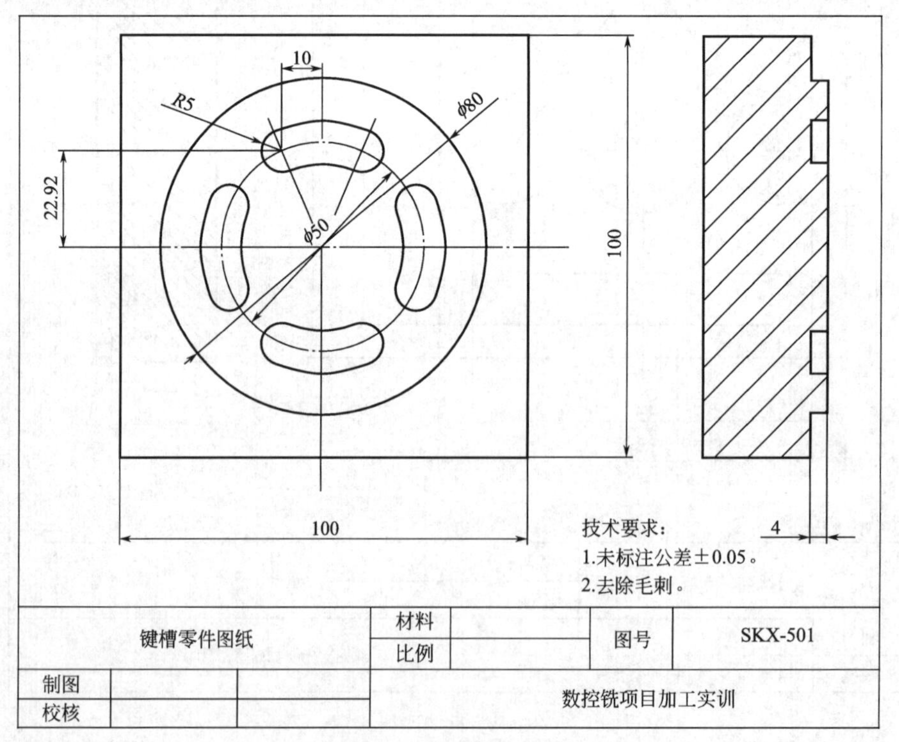

图 5-1　键槽零件图纸

第一部分　学习准备

引导问题

什么是子程序？子程序如何调用？子程序该如何编写？

一、 子程序应用

1. 子程序的格式

一个子程序应该具有如下格式：

○××××：子程序号

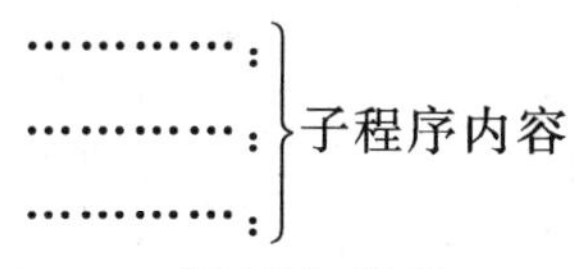

M99：返回主程序

在程序的开始，应该有一个由地址 O 指定的子程序号，在程序的结尾，返回主程序的指令 M99 是必不可少的。M99 可以不必出现在一个单独的程序段中，作为子程序的结尾，这样的程序段也是可以的：

G90　G00　X0　Y100.　M99；

2. 调用子程序的编程格式

M98　P××××××××；

式中　P——表示子程序调用情况。P 后共有 8 位数字，前四位为调用次数，省略时为调用一次；后四位为所调用的子程序号。

子程序调用指令可以和运动指令出现在同一程序段中：

G90　G00　X−75.　Y50. Z53.　M98　P40035；

该程序段指令 X、Y、Z 三轴以快速定位进给速度运动到指令位置，然后调用执行 4 次 35 号子程序。

3. 子程序的执行

子程序的执行举例。

例 1　如图 5-2 所示，编制图示轮廓的加工程序，设刀具起点距工件上表面 50mm，切削深度 3mm。

子程序（加工图形 1 的程序）

O0010；

G41 G91 G01 X30 Y-5 D01 F50；

Y __；

G02 X __ I10；

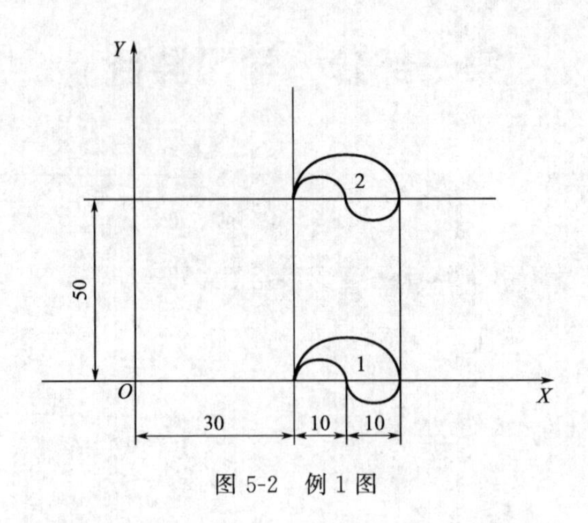

图 5-2 例 1 图

G __ X __ I __；

G __ X __ I __；

G0 Y __；

G40 X __ Y __；

M99；

主程序

O20

G54 G90 G17 M03 S600

G0 X0 Y0

G43 G0 Z5 H01

G01 Z-3 F50

M98 P10（加工图形 1）

G90 Y50

M98 P10（加工图形 2）

G90 G49 Z50

M05

M30

4. 子程序的特殊用法

（1）子程序用 P 指令返回的地址：M99 Pn

在 M99 返回主程序指令中，可以用地址 P 来指定一个顺序号，当这样的一个 M99 指令在子程序中被执行时，返回主程序后并不是执行紧接着调用子程序的程序段后的那个程序段，而是转向执行具有地址 P 指定的顺序号的那个程序段。

（2）自动返回程序头：主程序中执行 M99

（3）注意

子程序调用指令 M98 不能在 MDI 方式下执行，如果需要单独执行一个子程序，可以在程序编辑方式下编辑如下程序，并在自动运行方式下执行。

××××；

M98P××××；

主程序　　　　　　　　　　　　　　　　　　　　　　　子程序
N10…………;　　　　　　　　　　　　　　　　　　　　　O1010;
N20　…　…　…　…　;
N1020…………;
N30M98P1010　;
N1030…………;
N40　…　…　…　…　;
N1040…………;
N50　…　…　…　…　;

5. 使用子程序的注意事项

(1) 主程序中的模态 G 代码可被子程序中同一组的其他 G 代码所更改。

(2) 最好不要在刀具补偿状态下的主程序中调用子程序，因为当子程序中连续出现 2 段以上非移动指令或非刀补平面轴运动指令时很容易出现过切等错误。

为了进一步简化程序，可以让子程序调用另一个子程序（如图 5-3 所示），这种程序的结构称为子程序嵌套。在编程中使用较多的是二重嵌套，最多可嵌套 4 层。

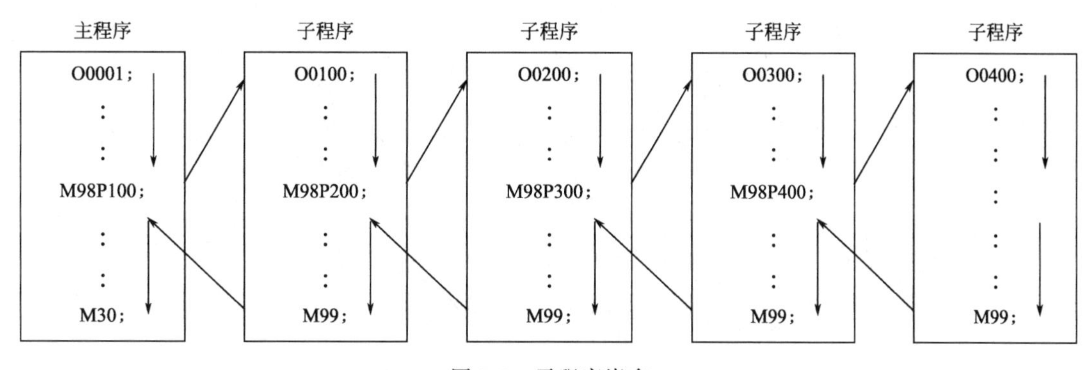

图 5-3　子程序嵌套

引导问题

在对六边形外轮廓编程时节点的坐标需用三角函数计算，计算量大，而且容易出现计算误差。使用坐标系旋转的编程方法能简便程序并减少工作量，坐标系旋转指令编程格式怎样？如何就用坐标系旋转指令进行编程？

二、 坐标系旋转功能

1. 坐标系旋转概念

在零件加工中常会遇见轮廓式刀具轨迹绕程序原点或零件由某一点周围方向等分或有规则分布，此类零件采用常见的计算方法非常复杂，而且容易出现计算误差。但采用坐标系旋转功能就可以解决以上的问题，且编程方便。

2. 坐标系旋转指令编程格式

G68 X　Y　R

……

G69

X、Y——＿＿＿＿＿＿＿＿；当X、Y省略时，G68指令认为＿＿＿＿＿＿＿＿即为旋转中心。

R——旋转角度，逆时针旋转定义为＿＿＿＿，顺时针旋转定义为＿＿＿＿。

G69——＿＿＿＿＿＿＿＿；

坐标系旋转与调用子程序组合使用。

3. 实例

根据图5-4所示的设计图，使用旋转功能编制图示轮廓的加工程序。设刀具起点距工件上表面50mm，切削深度5mm。

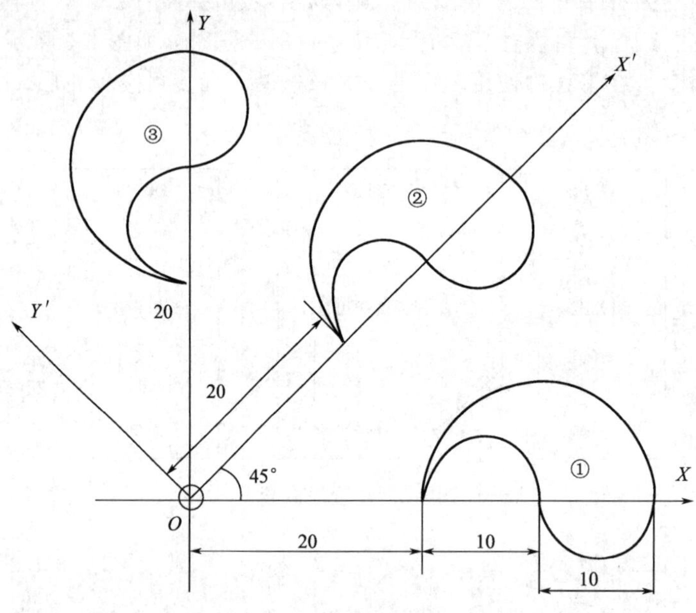

图5-4　坐标系旋转练习图

O0068；

G92 X0 Y0 Z50；

G90 G17 M03 S600；

G43 Z-5 H02；

M98 P200；圆弧外轮廓加工子程序

G68 ＿＿＿＿＿＿＿＿；

M98 P200；

G68 ＿＿＿＿＿＿＿＿；

M98 P200；

G49 Z50；

G69；

M05 M30；
O200；　　　　　　　　　　圆弧外轮廓加工子程序

____
____
____
____
____
____
____
____
____
____
____

M99；

第二部分　计划与实施

引导问题

本任务是在数控铣床上完成半圆槽件加工，在加工前，要做哪些准备工作？

一、 生产前的准备

1. 认真阅读零件图，完成下表

项　　目	分析内容
标题栏信息	零件名称：________零件材料：________ 毛坯规格：________
零件形体	描述零件主要结构：________
其他技术要求	请描述零件其他技术要求：________

2. 工量具准备

夹具：________
刀具的种类：________
量具的种类：________
其他工具或辅件：________

3. 填写工序卡

工序卡

单位名称	数控加工工序卡						零件名称	零件图号	材料	硬度	
工序号		工序名称		加工车间		设备名称		设备型号		夹具	
						数控铣床					
工步号	工步内容	刀具类型	刀具规格/mm	程序名	切削速度/(m/min)	主轴转速/(r/min)	进给量/(mm/r)	进给速度/(mm/min)	背吃刀量/mm	进给次数	备注
编制		审核			批准			共 页		第 页	

注：1. 切削速度与主轴转速任选一个进行填写；

2. 进给量与进给速度任选一个进行填写。

引导问题

本任务是在数控铣床上完成半圆槽件加工，程序该如何编写？

二、 手工编程

根据填写的工序卡，手工编写半圆键槽的数控加工程序，并填入下面的数控程序单中。如表格不够，可自行附表。

数控程序单

序　　号	程 序 内 容	备 注 说 明

引导问题

按照怎样的步骤才能加工出合格的零件？

三、 在数控铣床上完成零件加工

分步完成零件加工，填写生产流程表。

生产流程表

序　号	生产内容	结果记录
1	装夹工件、刀具、对刀设定工件坐标系	
2	图 5-1 零件加工	
3	测量尺寸，记录测量值	
4	拆下清洗工件，去毛刺	
5	零件全部尺寸测量并记录	

第三部分　评价与反馈

一、 自我评价

任务名称：______________________

评价项目	是	否
1. 能否分析出零件的正确形体		
2. 前置作业是否全部完成		
3. 是否完成了小组分配的任务		
4. 是否认为自己在小组中不可或缺		
5. 这次课是否严格遵守了课堂纪律		
6. 在本次任务的学习过程中，是否主动帮助同学		
7. 对自己的表现是否满意		

二、 小组评价

序　号	评价项目	评价(1～10)
1	团队合作意识，注重沟通	
2	能自主学习及相互协作，尊重他人	
3	学习态度积极主动，能参加安排的活动	

续表

序　号	评 价 项 目	评价(1～10)
4	服从教师的教学安排，遵守学习场所管理规定，遵守纪律	
5	能正确地领会他人提出的学习问题	
6	遵守学习场所的规章制度	
7	工作岗位的责任心	
8	学习主动	
9	能正确对待肯定和否定的意见	
10	团队学习中主动与合作的情况如何	

评价人：____________　　　　年　　月　　日

三、 教师评价

序　号	项　　目	教 师 评 价			
		优	良	中	差
1	按时上、下课				
2	着装符合要求				
3	遵守课堂纪律				
4	学习的主动性和独立性				
5	工具、仪器使用规范				
6	主动参与工作现场的6S工作				
7	工作页填写完整				
8	与小组成员积极沟通并协助其他成员共同完成任务				
9	会快速查阅各种手册等资料				
10	教师综合评价				

第四部分　学习拓展

如图5-5所示外形轮廓件的加工，相对于前面的零件生产工艺，在夹具、刀具、工艺流程和加工程序等方面要进行哪些修改？

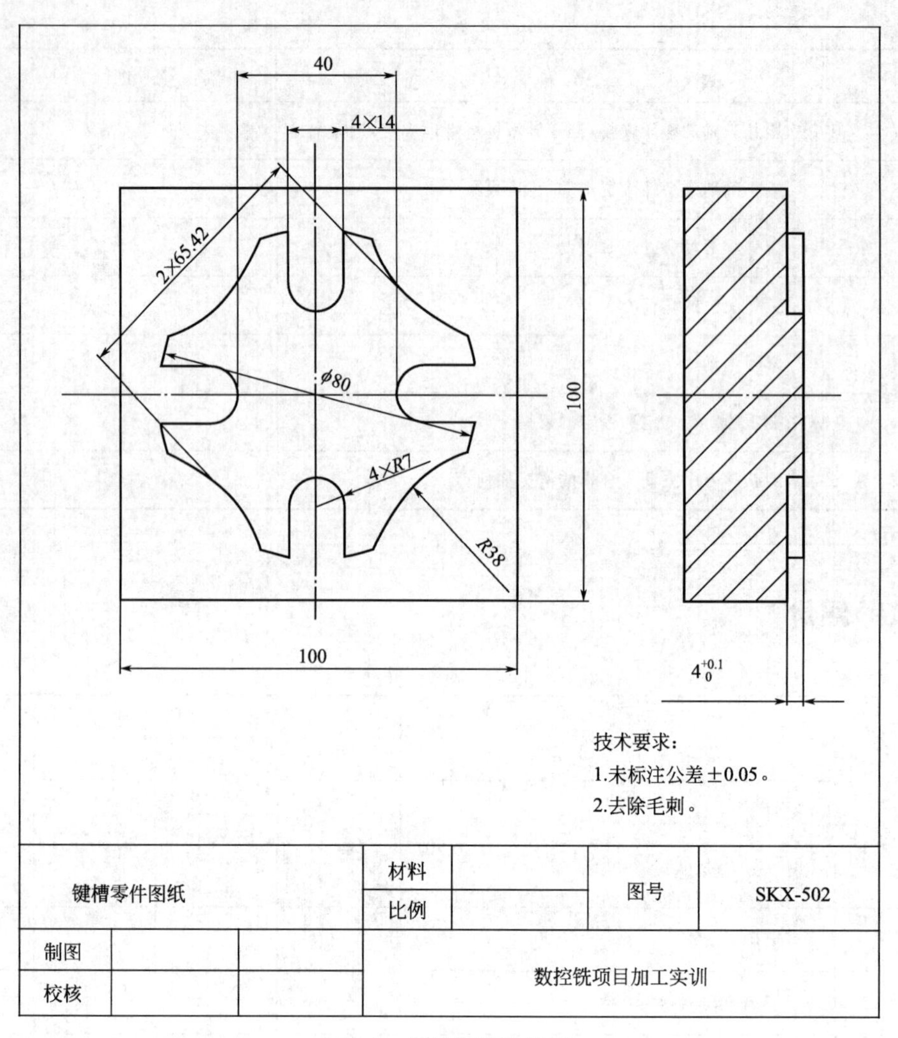
40
4×14
2×65.42
ϕ80
4×R7
R38
100
100
$4^{+0.1}_{0}$
技术要求：
1.未标注公差±0.05。
2.去除毛刺。
键槽零件图纸
材料
比例
图号
SKX-502
制图
校核
数控铣项目加工实训

图 5-5　学习拓展训练图

任务六　凸模零件加工

能力目标

通过凸模零件加工这一学习任务的学习，学生能完成以下任务：

① 学会用 CAXA 制造工程师软件进行实体造型；

② 学会用 CAXA 制造工程师软件进行分模操作；

③ 学会用 CAXA 制造工程生成加工轨迹；

④ 学会用 CAXA 制造工程对加工轨迹进行仿真检验；

⑤ 根据零件结构选择合理刀具进行加工；

⑥ 以小组工作的形式编制凸模零件的加工工艺，并填写工序卡；

⑦ 保证加工尺寸及表面粗糙度。

任务描述

某公司委托我单位加工一批 6 件凸模零件，要求按图 6-1 要求绘制凸模，毛坯材料为铝合金，尺寸为 100mm×100mm×30mm，在 5 天内完成加工，并保证零件尺寸及表面粗糙度。生产管理部门下达加工任务，工期为 4 天，任务完成后提交成品及检验报告。

第一部分　学习准备

引导问题

在使用数控铣床加工时，还可能会遇到复杂曲面加工时使用何种方式编程？

一、 计算机辅助编程

计算机辅助编程又称自动编程，是由计算机完成数控加工程序编制过程中的全部或大部分工作。采用计算机辅助编程，由计算机系统完成大量的数字处理运算、逻辑判断与检测仿真，可以大大提高编程效率和质量，对于复杂型面的加工，若需要三、四、五个坐标轴联动加工，其坐标运动计算十分复杂，很难用手工编程，一般必须采用计算机辅助编程方法。

(1) 常用的计算机辅助编程软件有哪些（请列出三个以上）：________________

____。

(2) 计算机辅助编程与手工编程有哪些优势：________________

____。

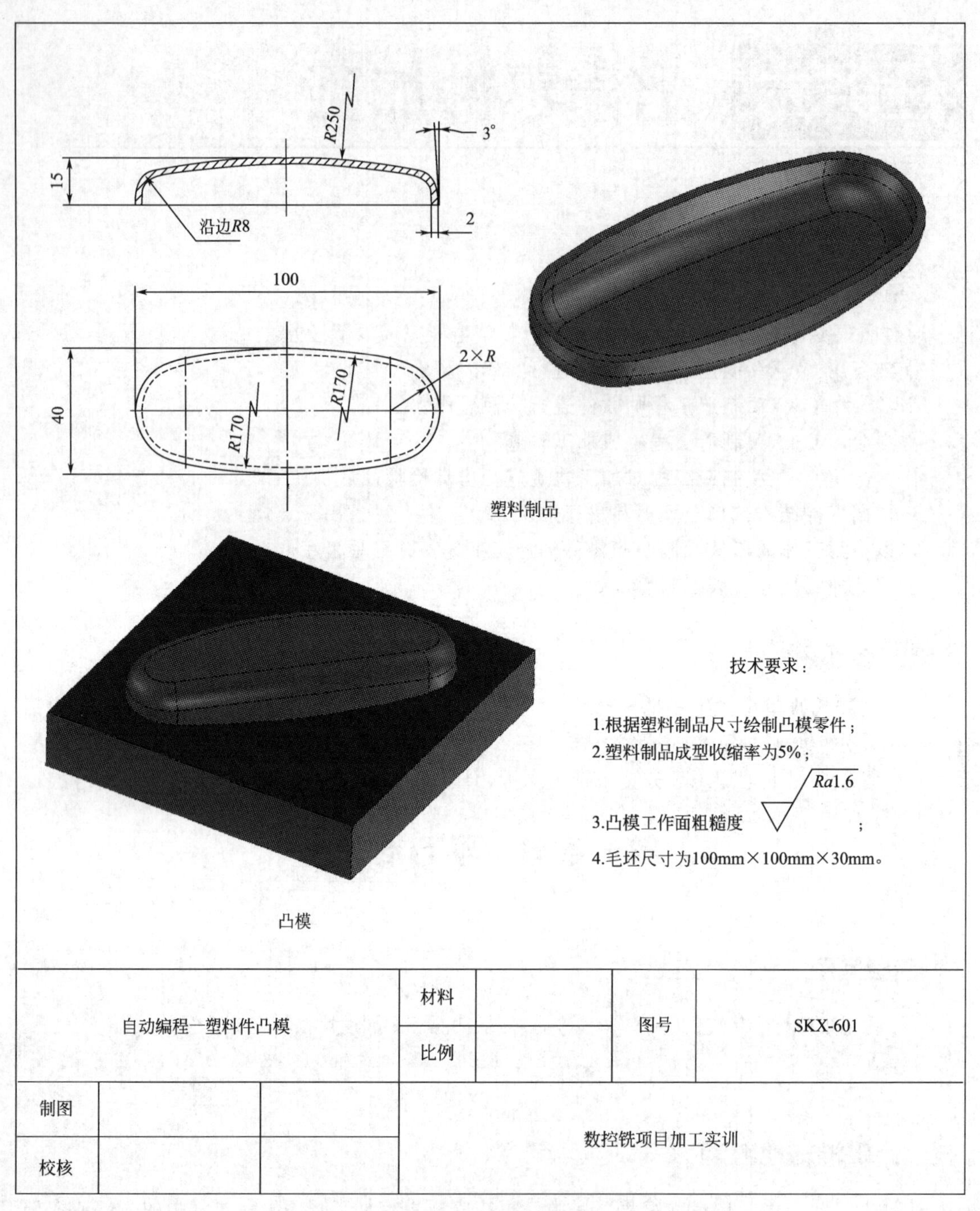

图 6-1　凸模零件图纸

（3）计算机辅助编程的一般步骤有哪些？

引导问题

CAXA 制造工程师如何实现自动编程？

二、 造型

（1）想用生成加工轨迹首先要先生成相应的轮廓、曲面或实体。

（2）CAXA 制造工程师提供了哪些轮廓绘制工具：______________________________

____

____。

（3）CAXA 制造工程师提供了哪些曲面造型工具：______________________________

____

____。

（4）CAXA 制造工程师提供了哪些实体造型工具：______________________________

____

____。

引导问题

生成加工轨迹的一般步骤有哪些？

三、 生成加工轨迹

（1）CAXA 制造工程师有哪些加工策略只需绘制二维轮廓就能生成加工轨迹的？

（2）CAXA 制造工程师有哪些加工策略必需绘制曲面造型才能生成加工轨迹的？

引导问题

为了保证加工轨迹的准确性，在生成加工代码时有什么方法可以检验加工轨迹？

四、 加工轨迹仿真检验

（1）生成加工轨迹后，CAXA 制造工程师有什么方法可以检验轨迹的正确性？

（2）实体仿真时，可以对刀具的干涉进行检验吗？如何操作？

（3）实体仿真时，可以用实体或曲面模型比较模拟仿真加工结果吗？如何判断有无过切、欠切？

引导问题

为了保证工件的加工精度及检测精度，在加工及检测时还有哪些相应的辅助工具可以使用？

五、 加工及检测工具

1. Z 轴设定器

Z 轴设定器主要用于确定工件坐标系原点在机床坐标系的 Z 轴坐标，或者说是确定刀具在机床坐标系中的高度。Z 轴设定器对刀时刀具不能旋转。

Z 轴设定器有光电式和指针式等类型，如图 6-2 所示。通过光电指示或指针判断刀具与对刀器是否接触，对刀精度一般可达 0.005mm。Z 轴设定器带有磁性表座，可以牢固地附着在工件或夹具上，其高度一般为 50mm 或 100mm。

(a)光电式　　(b)指针式

图 6-2　Z 轴设定器

2. 带表游标卡尺

带表游标卡尺，也叫附表卡尺。它是运用齿条传动齿轮带动指针显示数值，主尺上有大致的刻度，结合指示表读数，比游标卡尺读数更为快捷准确。如图 6-3 所示。

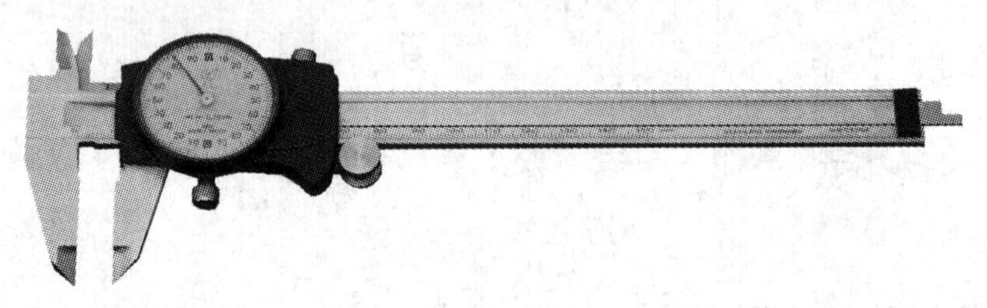

图 6-3　带表游标卡尺

带表游标卡尺是比较精密的量具，使用时应注意如下事项：

(1) 使用前，应先擦干净两卡脚测量面，合拢两卡脚，检查副尺 0 线与主尺 0 线是否对齐，若未对齐，应根据原始误差修正测量读数。

(2) 测量工件时，卡脚测量面必须与工件的表面平行或垂直，不得歪斜。且用力不能过大，以免卡脚变形或磨损，影响测量精度。

(3) 读数时，视线要垂直于尺面，否则测量值不准确。

(4) 测量内径尺寸时，应轻轻摆动，以便找出最大值。

(5) 游标卡尺用完后，仔细擦净，抹上防护油，平放在合内。以防生锈或弯曲。

3. 高度游标卡尺

高度游标卡尺是用于测量物件高度的卡尺，简称高度尺，如图 6-4 所示。

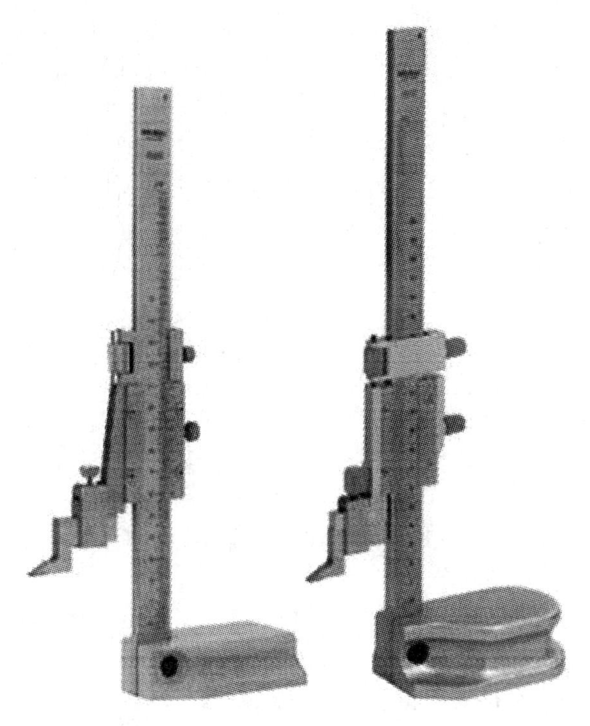

图 6-4　高度游标卡尺

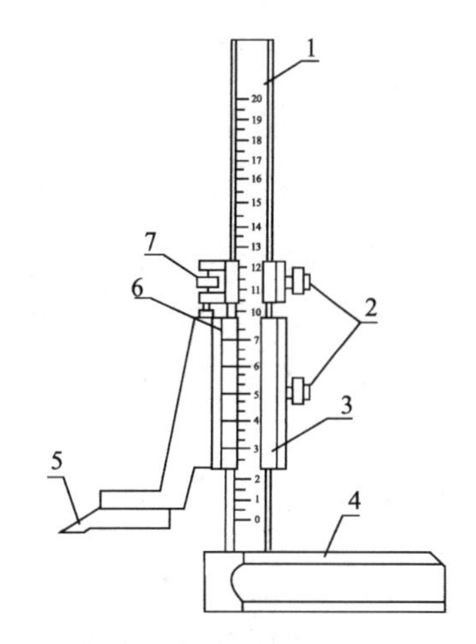

图 6-5　高度游标卡尺结构

1—主尺；2—紧固螺钉；3—尺框；4—基座；
5—量爪；6—游标；7—微动装置

(1) 高度游标卡尺的分类

高度卡尺广泛应用于机械加工中的高度测量、划线等。高度尺的品种繁多，主要分为以下几类：

① 单柱带手轮数显高度游标卡尺；

② 带表双柱高度游标卡尺；

③ 游标高度游标卡尺；

④ 数显高度游标卡尺；

⑤ 双柱数显高度游标卡尺；

⑥ 带表高度游标卡尺；

⑦ 数显高度游标卡尺。

(2) 高度游标卡尺的使用及应用

高度游标卡尺结构如图 6-5 所示，用于测量零件的高度和精密划线。它的结构特点是用质量较大的基座 4 代替固定量爪 5，而动的尺框 3 则通过横臂装有测量高度和划线用的量爪，量爪的测量面上镶有硬质合金，提高量爪使用寿命。高度游标卡尺的测量工作，应在平台上进行。当量爪的测量面与基座的底平面位于同一平面时，如在同一平台平面上，主尺 1 与游标 6 的零线相互对准。所以在测量高度时，量爪测量面的高度，就是被测量零件的高度尺寸，它的具体数值，与游标卡尺一样可在主尺（整数部分）和游标（小数部分）上读出。应用高度游标卡尺划线时，调好划线高度，用紧固螺钉 2 把尺框锁紧后，也应在平台上进行先调整再进行划线。

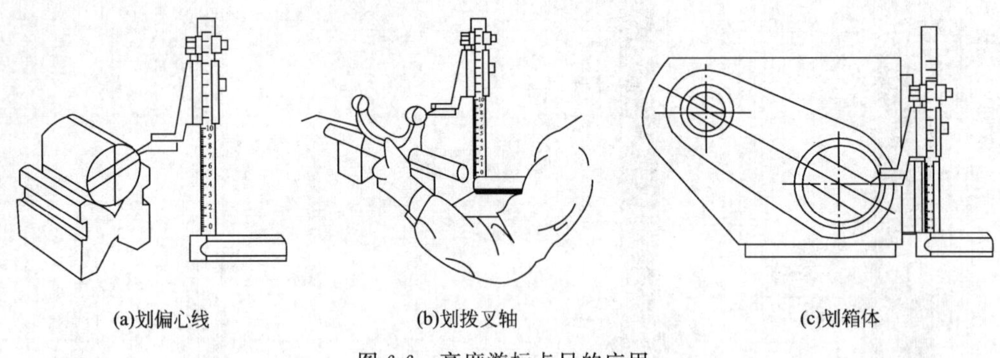

图 6-6 高度游标卡尺的应用

图 6-6 为高度游标卡尺的应用。

(3) 高度游标卡尺的使用注意事项

① 测量前应擦净工件测量表面和高度游标卡尺的主尺、游标、测量爪；检查测量爪是否磨损。

② 使用前调整量爪的测量面与基座的底平面位于同一平面，检查主尺、游标零线是否对齐。

③ 测量工件高度时，应将量爪轻微摆动，在最大部位读取数值。

④ 读数时，应使视线正对刻线；用力要均匀，测力约 3～5N，以保证测量准确性。

⑤ 使用中注意清洁高度游标卡尺测量爪的测量面。

⑥ 不能用高度游标卡尺测量锻件、铸件表面与运动工件的表面，以免损坏卡尺。

⑦ 久不使用的游标卡尺应擦净上油放入盒中保存。

4. 表面粗糙度比较样块

如图 6-7 所示，表面粗糙度比较样块是通过视觉和触觉，以比较法来检查机械零件加工后表面粗糙度的一种工作量具。通过目测或放大镜与被测加工件进行比较，判断表面粗糙度级别，为设计人员对特定加工方法和粗糙度等级的直观感觉和外形特征提供指导。

图 6-7 表面粗糙度比较样块

使用维护注意事项：

比较样块在使用时应尽量和被检零件处于同等条件下（包括表面色泽，照明条件等），不得用手直接接触比较样块，严格防锈处理，以防锈蚀，并避免碰划伤。

第二部分　计划与实施

引导问题

本学习任务是在数控铣床上完成凸模加工，在加工前，要做哪些准备工作？

一、 生产前的准备

1. 认真阅读零件图，完成下表

项　　目	分析内容
标题栏信息	零件名称：____________零件材料：____________ 毛坯规格：____________
零件形体	描述零件主要结构：____________ ____________
尺寸公差	图纸上有标注公差的尺寸有：____________ ____________没有标注公差的尺寸公差是多少：
形位公差	零件有没有形位公差要求？
表面粗糙度	零件加工表面粗糙度是多少：____________
其他技术要求	请描述零件其他技术要求：____________ ____________

2. 工量具准备

夹具：____________

刀具的种类：____________

量具的种类：____________

其他工具或辅件：____________

3. 填写工序卡

工序卡

单位名称		数控加工工序卡					零件名称		零件图号	材料	硬度
工序号	工序名称	加工车间			设备名称		设备型号			夹具	
					数控铣床						
工步号	工 步 内 容	刀具类型	刀具规格/mm	程序名	切削速度/(m/min)	主轴转速/(r/min)	进给量/(mm/r)	进给速度/(mm/min)	背吃刀量/mm	进给次数	备注
编制		审核			批准			共 页		第 页	

引导问题

本学习任务是在数控铣床上完成凸模零件加工，程序用 CAXA 制造工程师软件该如何操作?

二、 自动编程

1. 造型

序号	操作过程	结果
1	点击 平面XY →点击 绘制草图	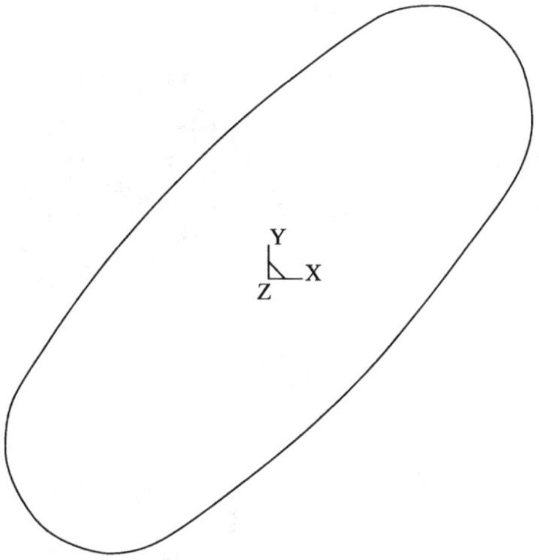 Y X Z
2	点击 →选择草图→输入拉伸高度和拔模斜度→完成拉伸造型	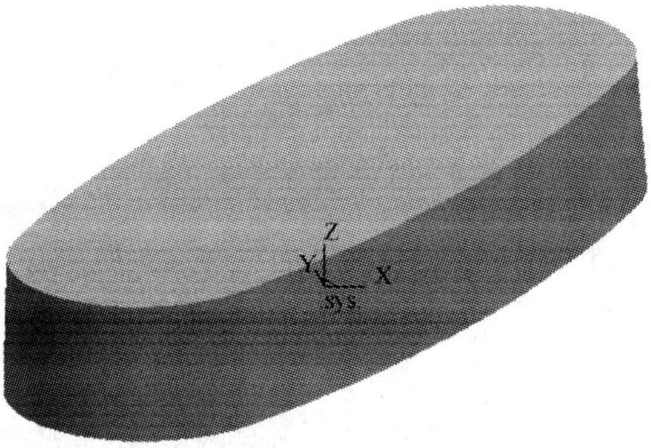 Z Y X sys.

序号	操作过程	结　果
3	点击 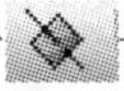 →构造基础平面	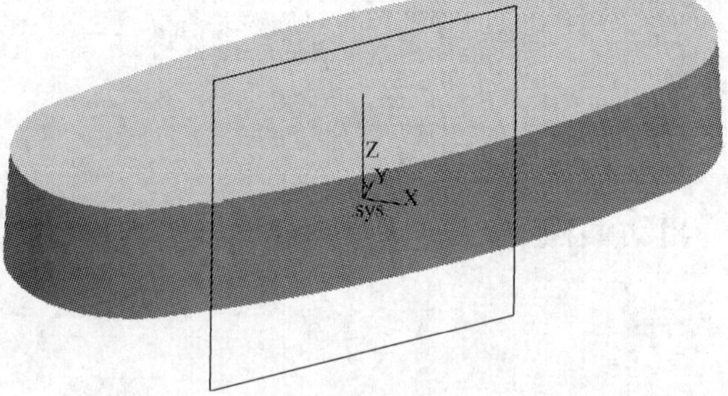 Z Y X sys.
4	选择步骤3构造的基础平面→点击  绘制草图	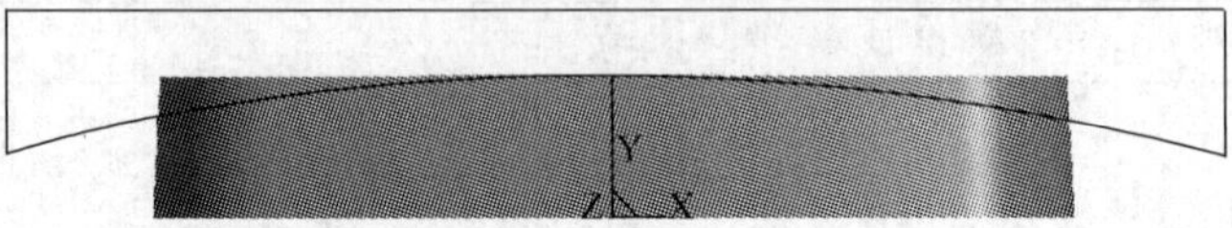 Y Z X
5	点击 →选择步骤4的草图完成拉伸除料造型(注意选择双向拉伸)	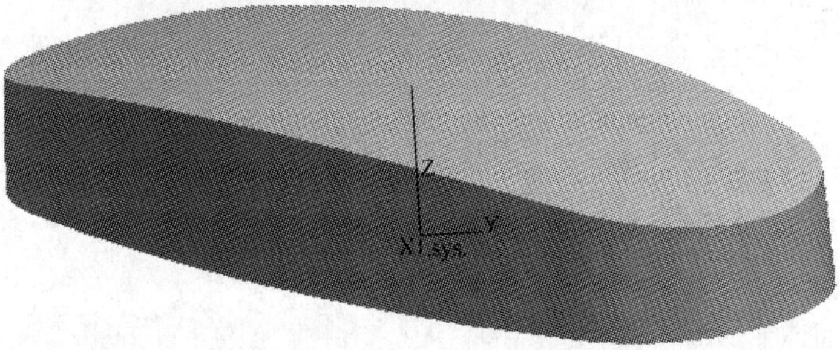 Z Y X sys.
6	点击  完成圆角过渡	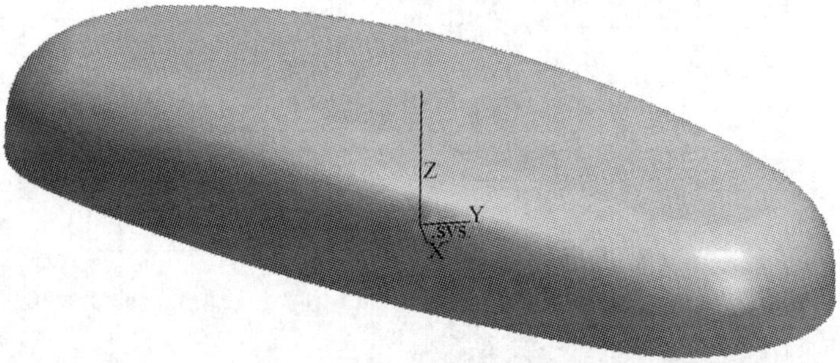 Z Y sys. X
7	点击 完成抽壳造型	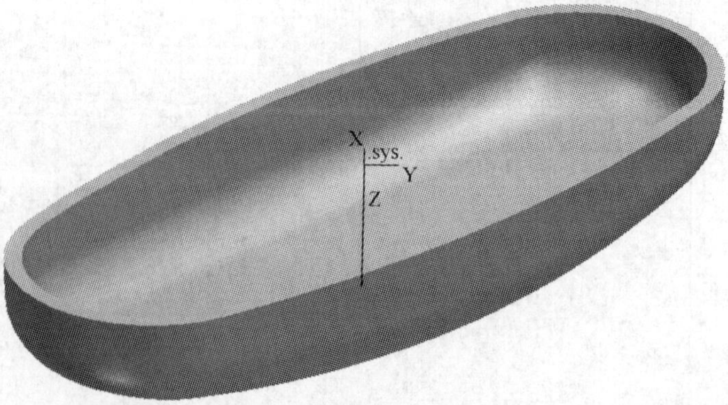 X sys. Y Z

序号	操作过程	结果
8	点击 设置模具型腔(注意根据毛坯的尺寸计算)	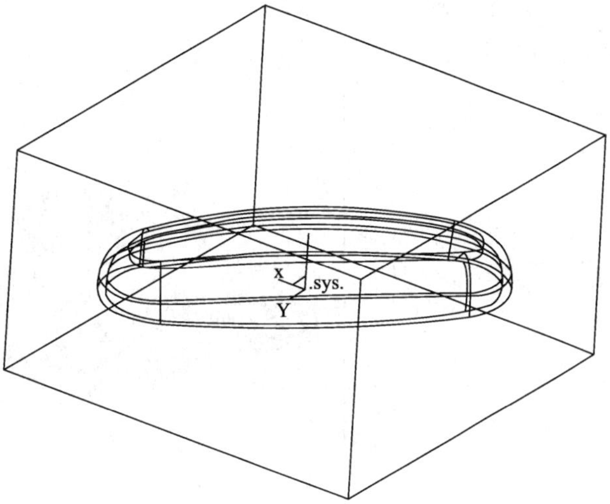 X .sys. Y
9	绘制草图(用于定义分模位置及形状)	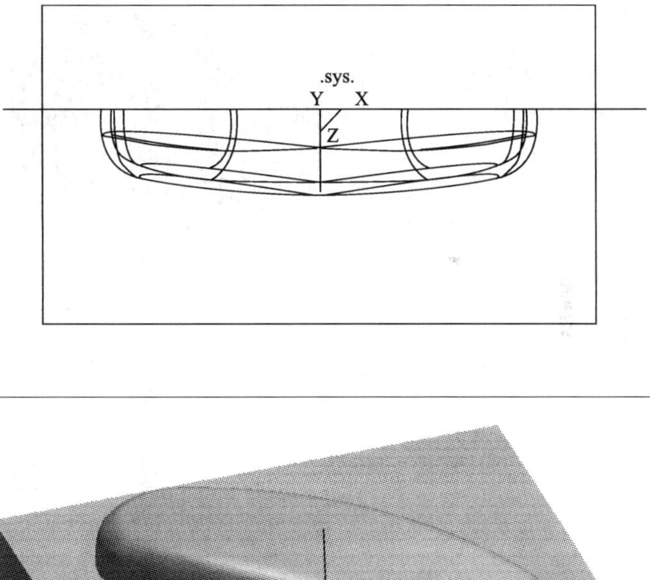 .sys. Y X Z
10	点击 →选择分模草图完成分模操作(注意分模除料方向)	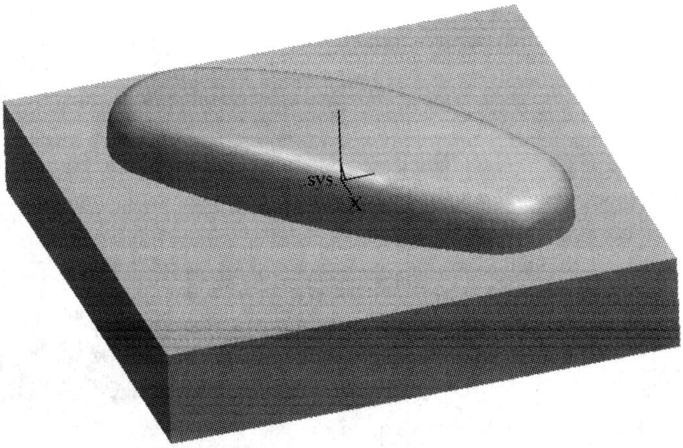 .sys X

2. 生成加工轨迹

序号	操作过程	结　果
1	在轨迹管理窗口双击 毛坯 完成毛坯设置	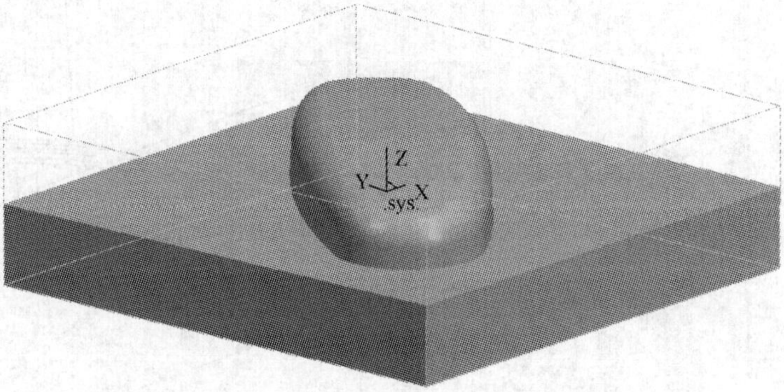
2	点击 在毛坯上表面创建新坐标系	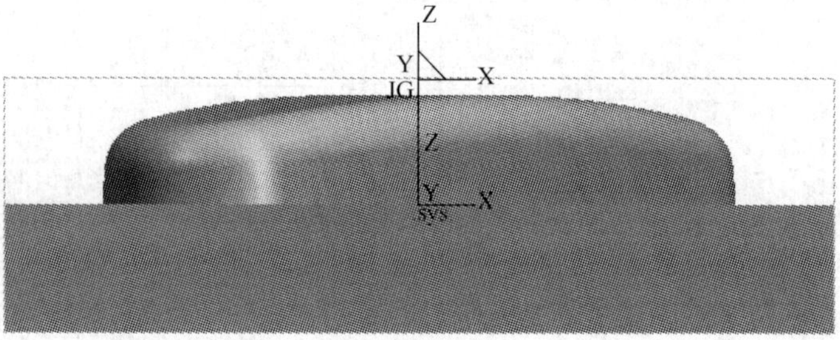
3	点击 →根据工艺卡片的加工信息填写相关加工参数生成等高线粗加工轨迹	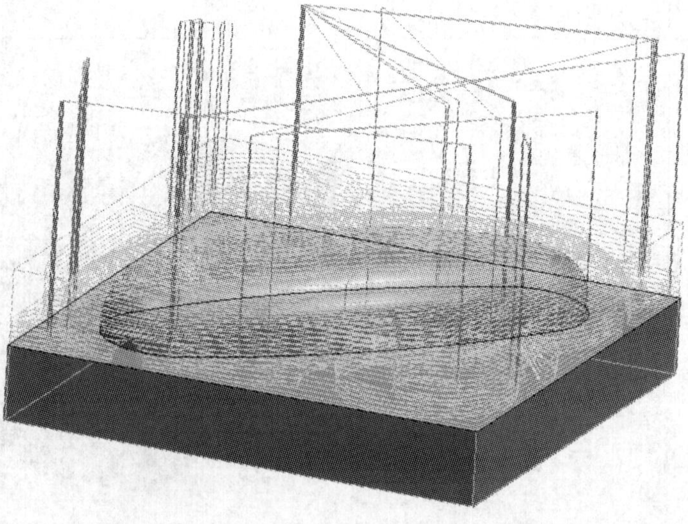

续表

序号	操作过程	结果
4	点击→根据工艺卡片的加工信息填写相关加工参数生成三维偏置精加工轨迹	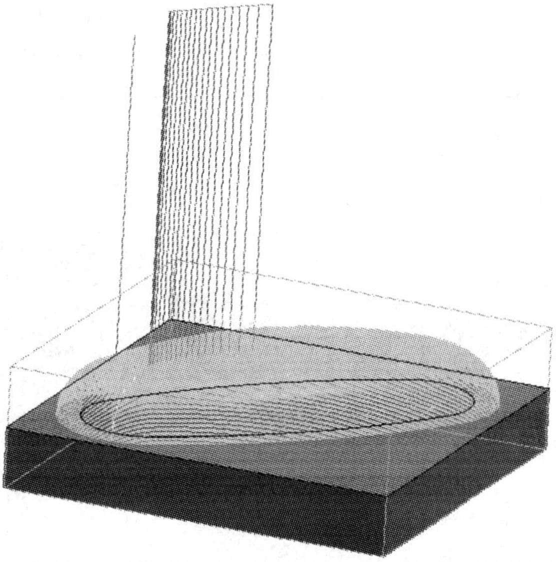
5	点击→根据工艺卡片的加工信息填写相关加工参数生成平面轮廓精加工轨迹（用于清凸模芯根部多余材料）	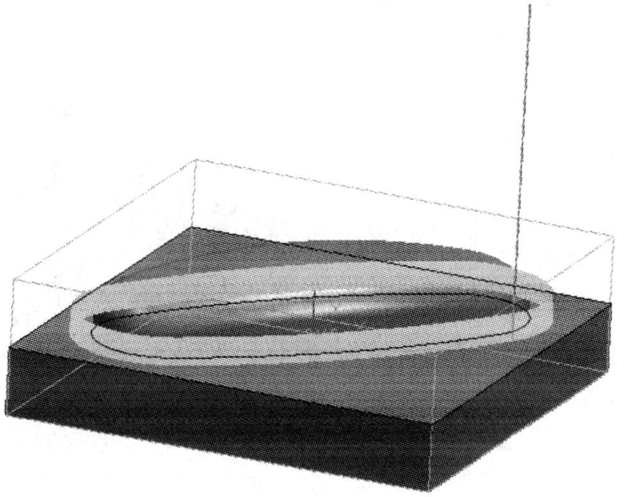
6	点击→根据工艺卡片的加工信息填写相关加工参数生成平面区域粗加工轨迹（对底平面进行精加工）	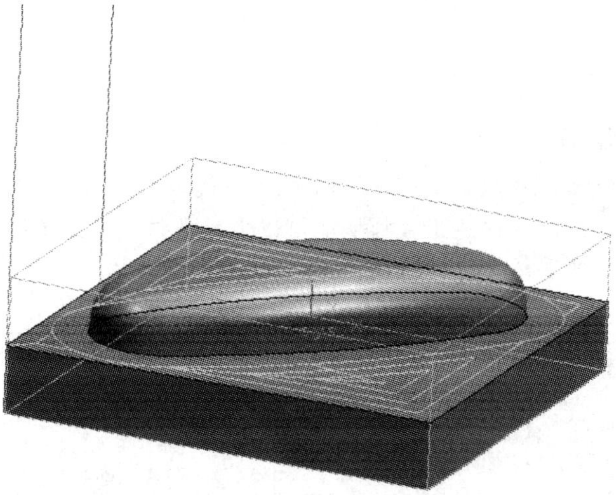

3. 检验加工轨迹

序号	操作过程	结果
1	点击加工菜单→实体仿真→选所有加工轨迹进行实体仿真	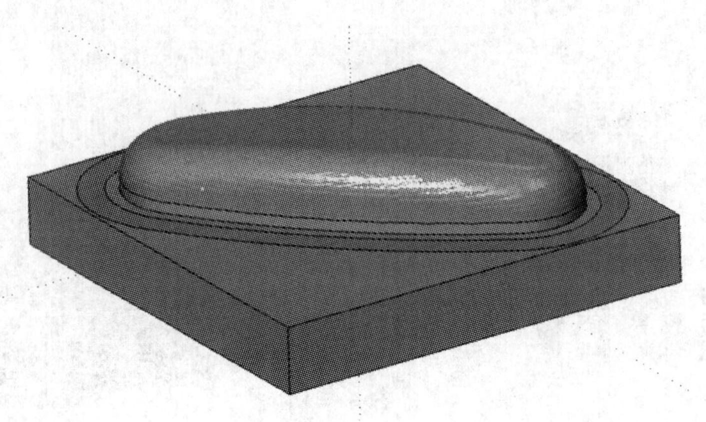
2	进行模型比较	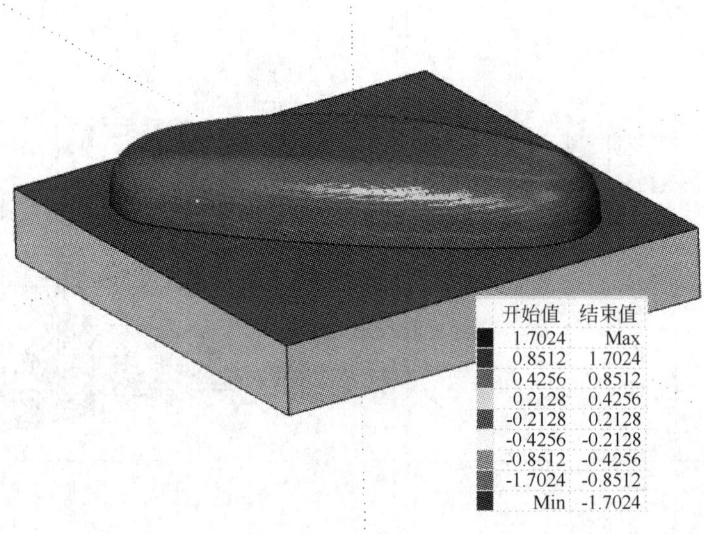

4. 生成 G 代码

(1) CAXA 制造工程师如何生成 G 代码?

(2) CAXA 制造工程师默认可以生成那些数控系统的 G 代码?

(3) 把本任务的 G 代码按 FANUC 系统输出。

引导问题

按照怎样的步骤才能加工出合格的零件?

三、 在数控铣床上完成零件加工

分步完成零件加工，填生产流程表。

生产流程表

序　号	生产内容	结果记录
1	装夹工件、刀具、对刀设定工件坐标系	
2	输入G代码	
3	粗加工凸模	
4	凸模芯部分精加工	
5	凸模芯底部清根加工	
6	测量尺寸36mm(凸模芯宽度),记录测量值	
7	精加工凸模底平面	
8	测量尺寸高度尺寸13mm(凸模芯高度),记录测量值	
9	拆下清洗工件,去行刺	
10	零件件全部尺寸测量并记录	

第三部分　评价与反馈

一、 自我评价

班级：____________　　　姓名：____________

学习任务名称：________________________

评价项目	是	否
1. 能否分析出零件的正确形体		
2. 前置作业是否全部完成		
3. 是否完成了小组分配的任务		
4. 是否认为自己在小组中不可或缺		
5. 这次课是否严格遵守了课堂纪律		
6. 在本次学习任务的学习过程中,是否主动帮助同学		
7. 对自己的表现是否满意		

二、小组评价

序　号	评价项目	评价(1～10)
1	团队合作意识,注重沟通	
2	能自主学习及相互协作,尊重他人	
3	学习态度积极主动,能参加安排的活动	
4	服从教师的教学安排,遵守学习场所管理规定,遵守纪律	
5	能正确地领会他人提出的学习问题	
6	遵守学习场所的规章制度	
7	工作岗位的责任心	
8	学习主动	
9	能正确对待肯定和否定的意见	
10	团队学习中主动与合作的情况如何	

评价人:____________　　　　　　　　　　年　　月　　日

三、教师评价

序　号	项　目	教师评价			
		优	良	中	差
1	按时上、下课				
2	着装符合要求				
3	遵守课堂纪律				
4	学习的主动性和独立性				
5	工具、仪器使用规范				
6	主动参与工作现场的6S工作				
7	工作页填写完整				
8	与小组成员积极沟通并协助其他成员共同完成学习任务				
9	会快速查阅各种手册等资料				
10	教师综合评价				

第四部分　学习拓展

要完成10件如图6-8所示凸模的加工，相对于前面制定的单件生产工艺，在夹具、刀具、工艺流程、程序等方面要进行哪些修改？

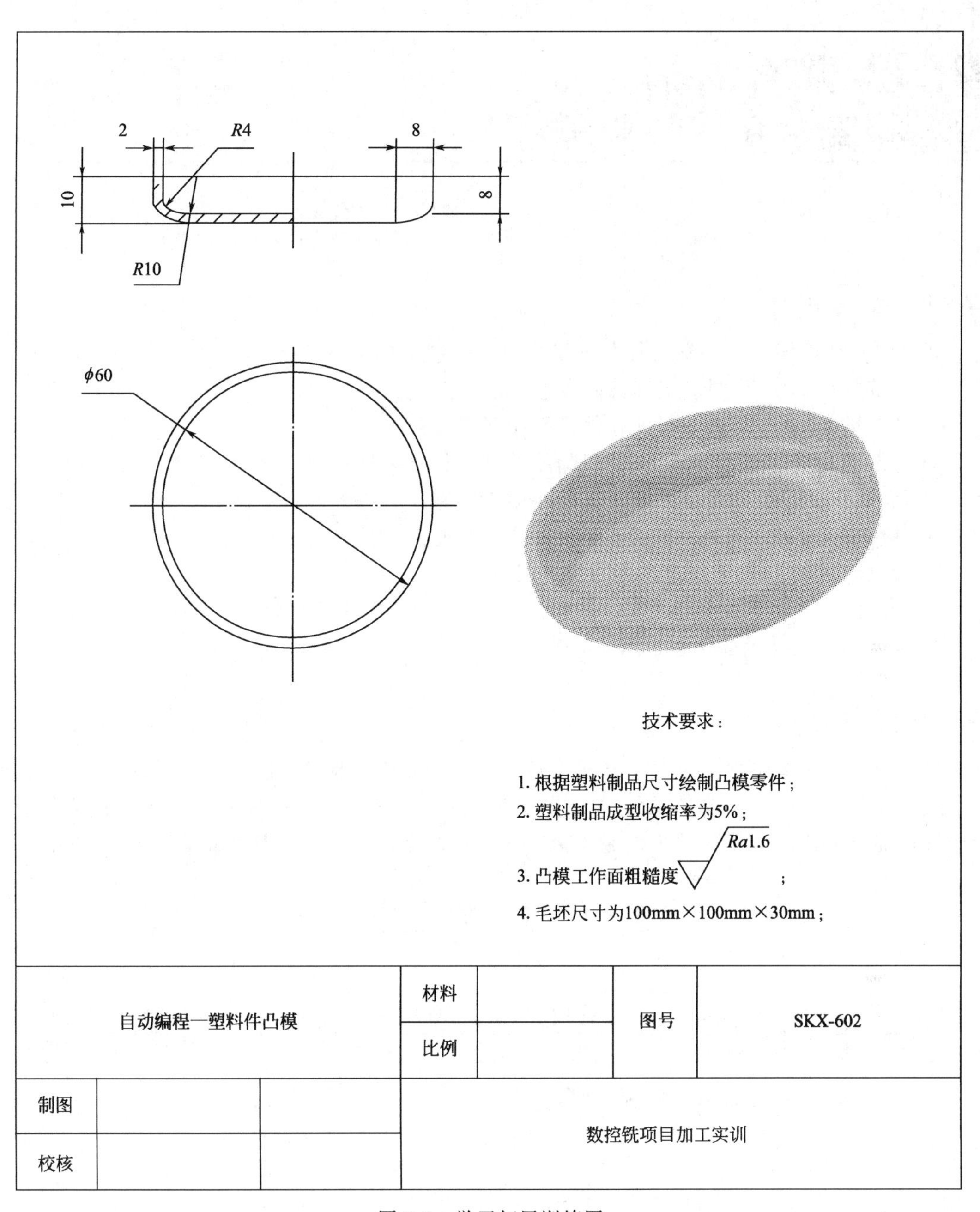
2
R4
8
10
8
R10
ϕ60
技术要求：
1. 根据塑料制品尺寸绘制凸模零件；
2. 塑料制品成型收缩率为5%；
3. 凸模工作面粗糙度 Ra1.6 ；
4. 毛坯尺寸为100mm×100mm×30mm；
自动编程—塑料件凸模
材料
比例
图号
SKX-602
制图
校核
数控铣项目加工实训

图 6-8　学习拓展训练图

任务七 凹模零件加工

能力目标

通过凹模零件加工这一学习任务的学习，学生能完成以下任务：

① 熟练应用CAXA制造工程师软件进行实体造型；

② 学会用CAXA制造工程师软件进行曲面造型；

③ 熟练应用应用CAXA制造工程师软件进行分模操作；

④ 熟练应用应用CAXA制造工程生成加工轨迹；

⑤ 熟练应用学会用CAXA制造工程对加工轨迹进行仿真检验；

⑥ 根据零件结构选择合理刀具进行加工；

⑦ 以小组工作的形式编制凹模零件的加工工艺，并填写工序卡；

⑧ 保证加工尺寸及表面粗糙度。

任务描述

某公司委托我单位加工一批6件模零件，要求按图7-1要求绘制凹模，毛坯材料为铝合金，尺寸为100mm×100mm×30mm，在5天内完成加工，并保证零件尺寸及表面粗糙度。生产管理部门下达加工任务，工期为4天，任务完成后提交成品及检验报告。

第一部分 学习准备

引导问题

CAXA制造工程师如何绘制曲面造型？

一、 曲面造型

曲面造型是指在产品设计中对于曲面形状产品外观的一种建模方法，曲面造型方法使用三维CAD软件的曲面指令功能构建产品的外观形状曲面并得到实体化模型。

1. 应用CAXA制造工程师软件的直纹面功能绘制图7-2的曲面

2. 应用CAXA制造工程师软件的扫描面功能绘制图7-3的曲面

3. 应用CAXA制造工程师软件的旋转面功能绘制图7-4的曲面

4. 应用CAXA制造工程师软件的导动面功能绘制图7-5的曲面

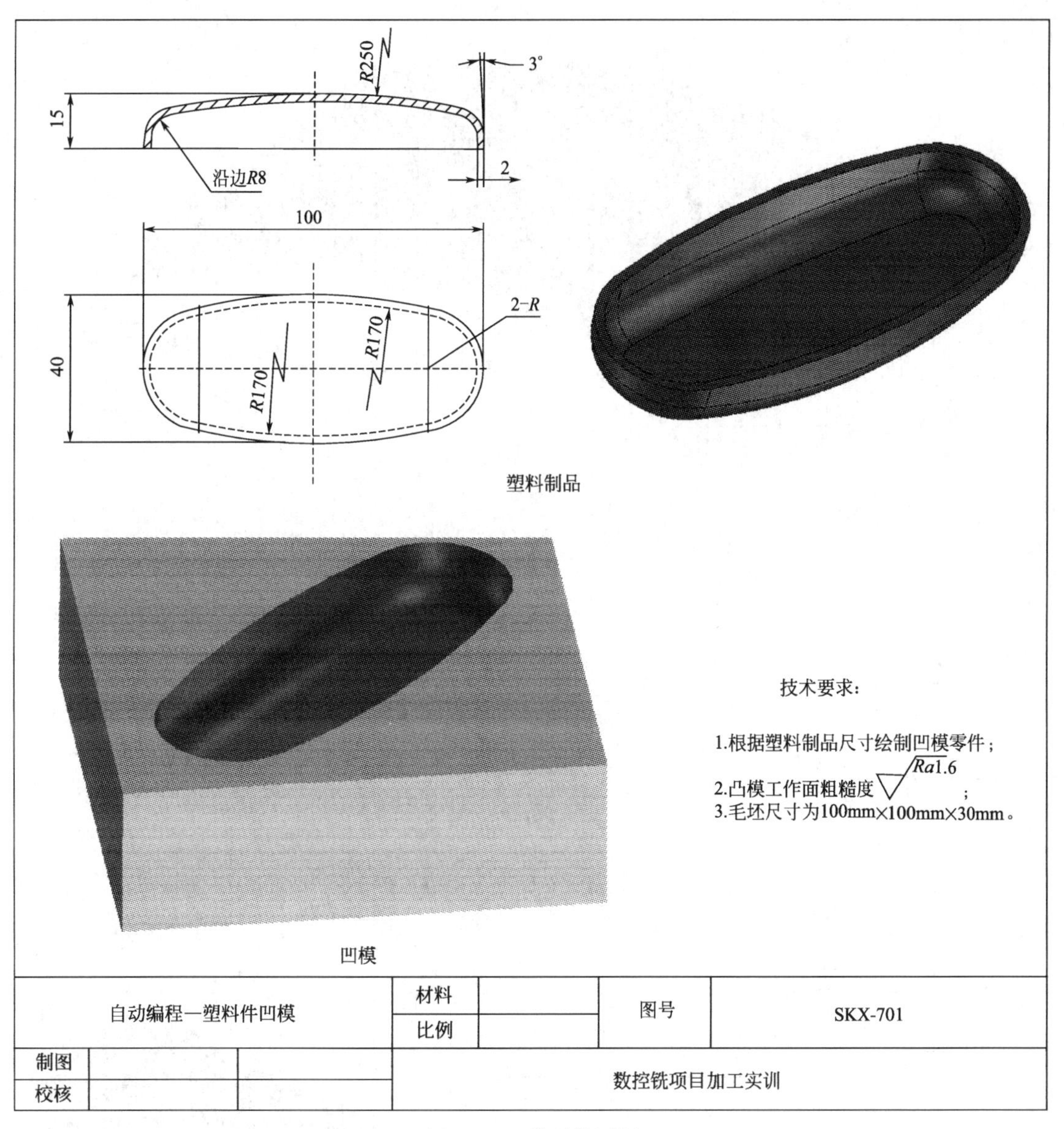

图 7-1　凹模零件图纸

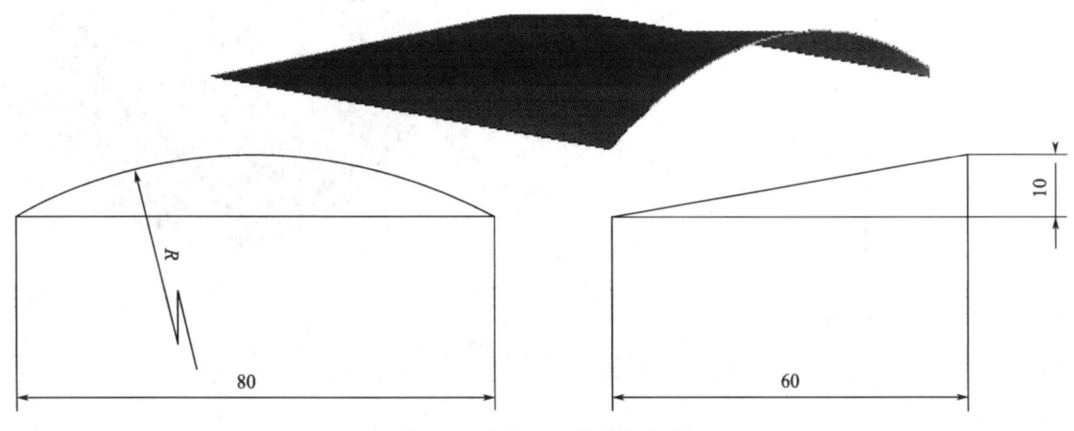

图 7-2　直纹面功能绘制曲面

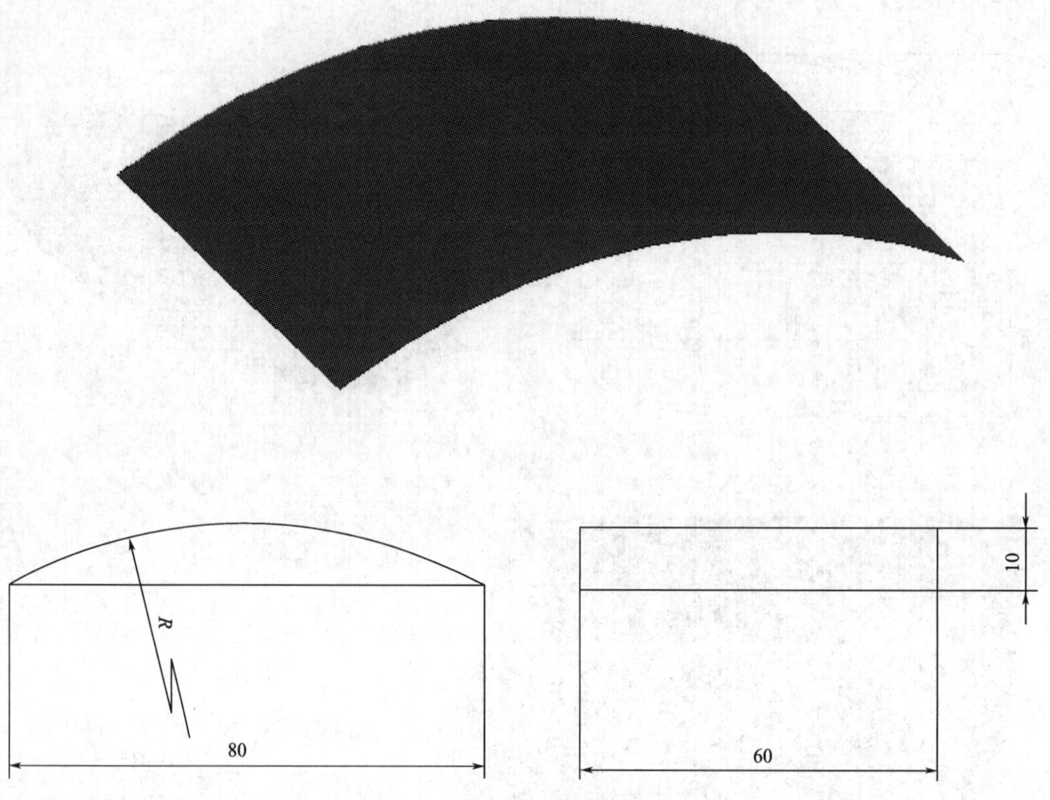

图 7-3　扫描面功能绘制曲面

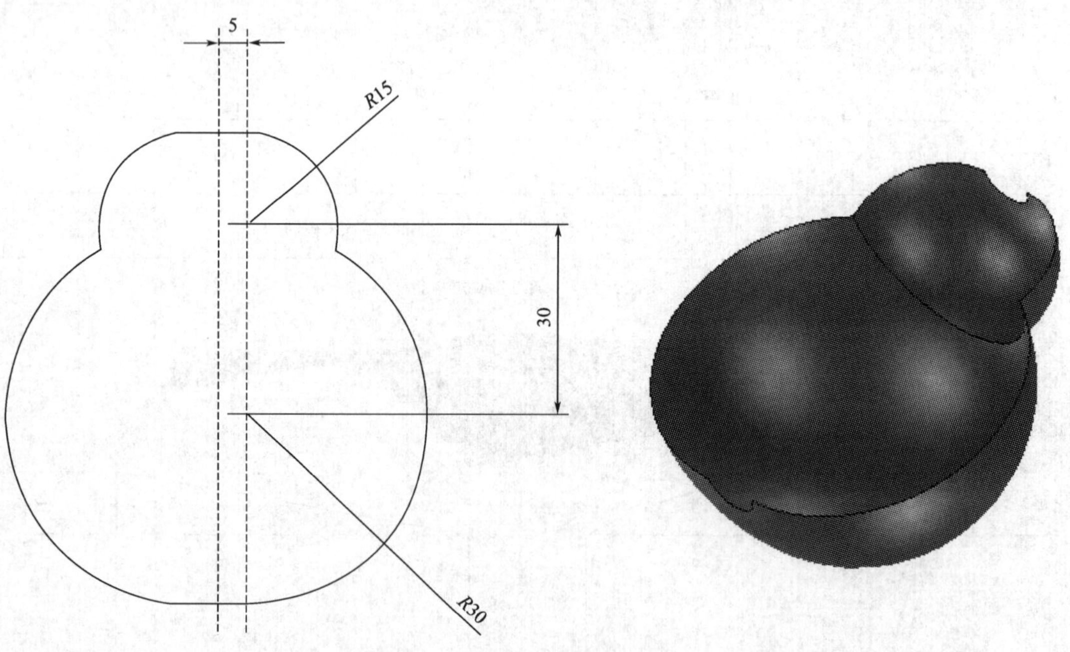

图 7-4　旋转面功能绘制曲面

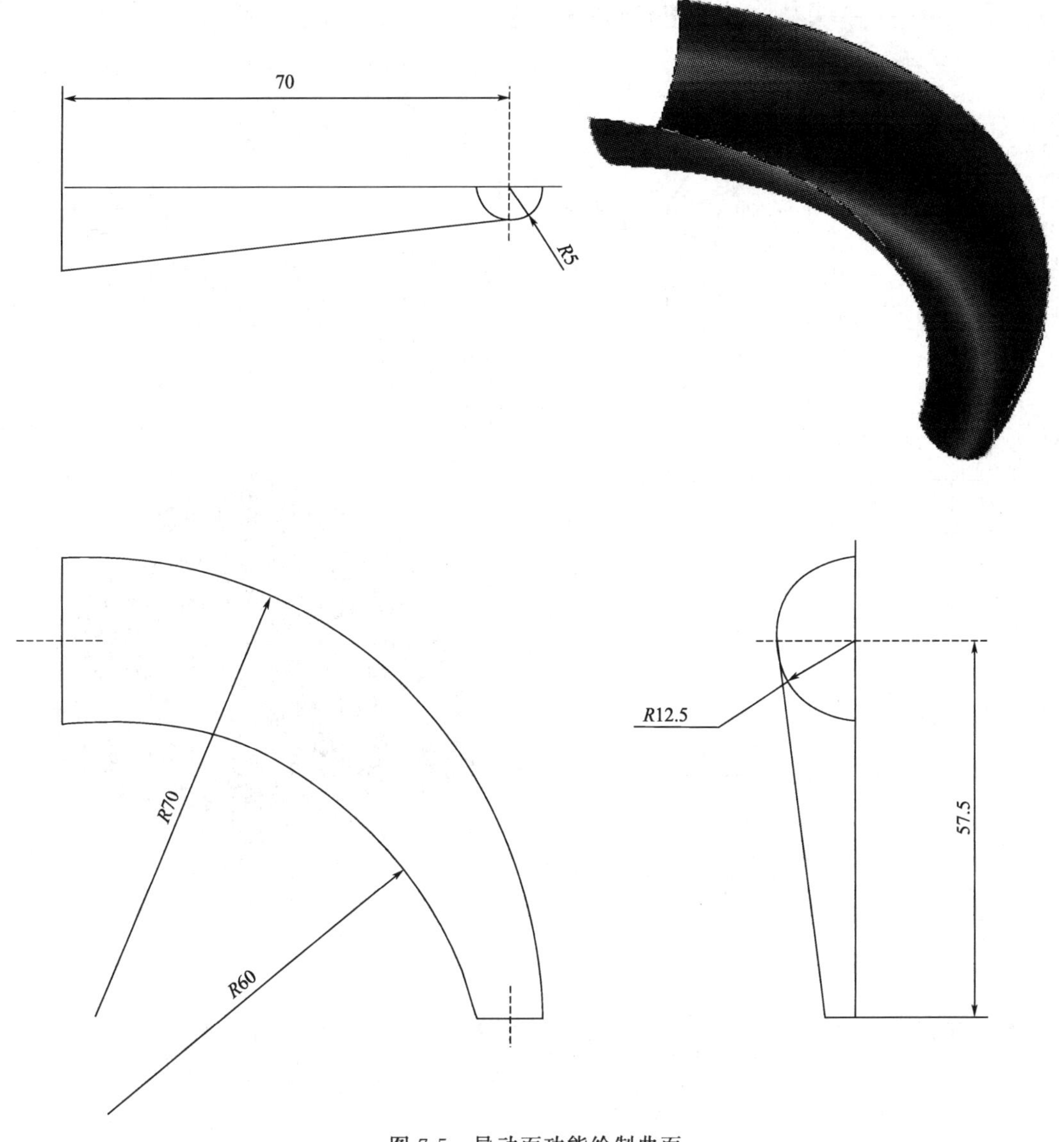

图 7-5 导动面功能绘制曲面

引导问题

CAXA 制造工程师曲面与实体可以混合造型吗?

二、 曲面实体混合造型

(1) CAXA 制造工程有曲面实体混合造型的工具吗? 有哪些?

(2) 利用曲面实体造型工具完成图 7-6 的造型。

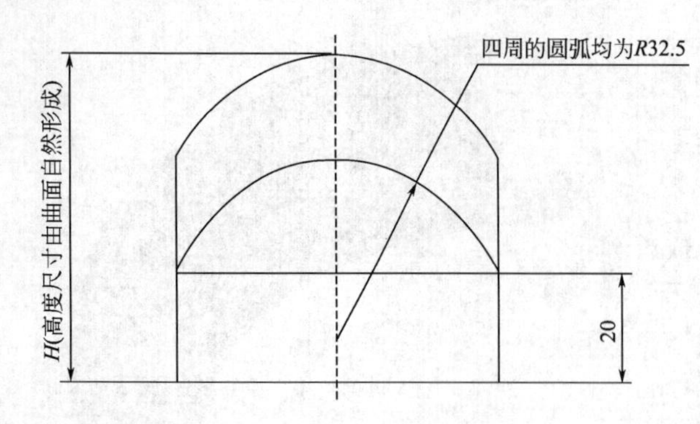

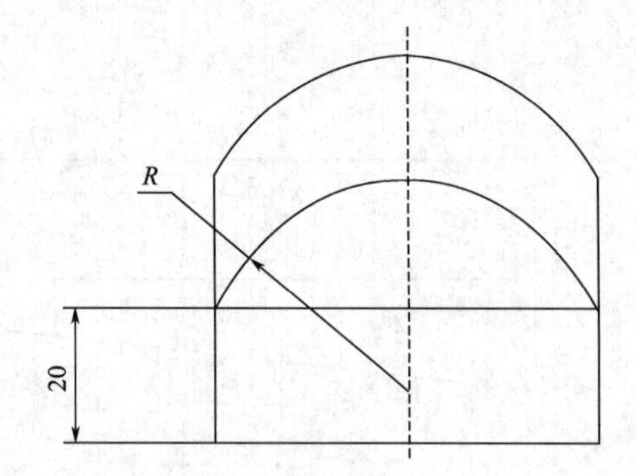

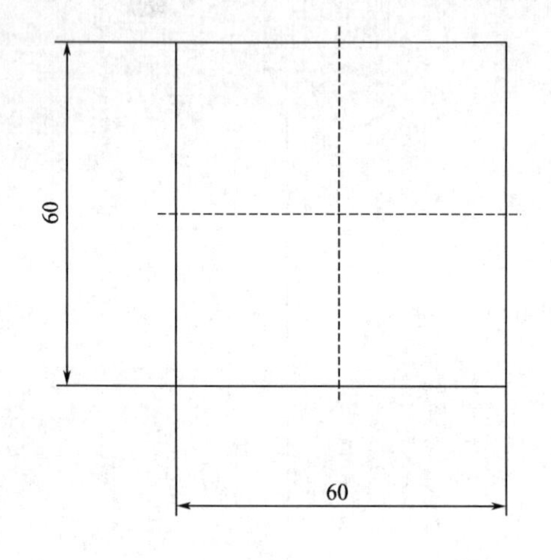

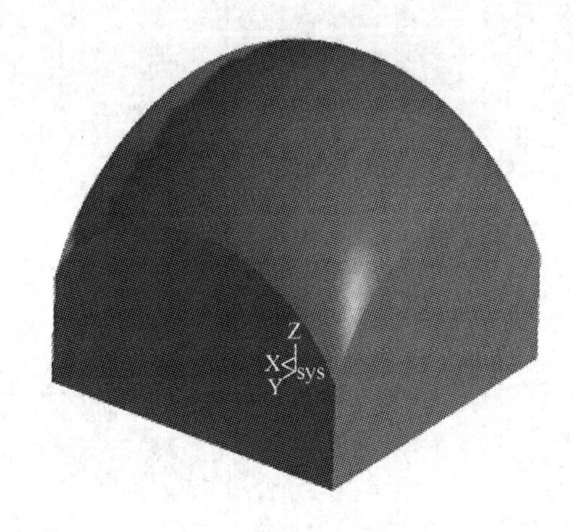

图 7-6　造型图

引导问题

为了保证工件的加工精度及检测精度，在加工及检测时还有哪些相应的辅助工具可以使用?

三、 检测工具

1. 深度游标卡尺

深度游标卡尺用于测量凹槽或孔的深度、梯形工件的梯层高度、长度等尺寸，平常被简称为“深度尺”。如图 7-7 所示。常见量程：0～100mm、0～150mm、0～300mm、0～500mm。常见精度：0.02mm、0.01mm（由游标上分度格数决定）。

2. 深度游标卡尺的应用

深度游标卡尺的应用如图 7-8 所示。

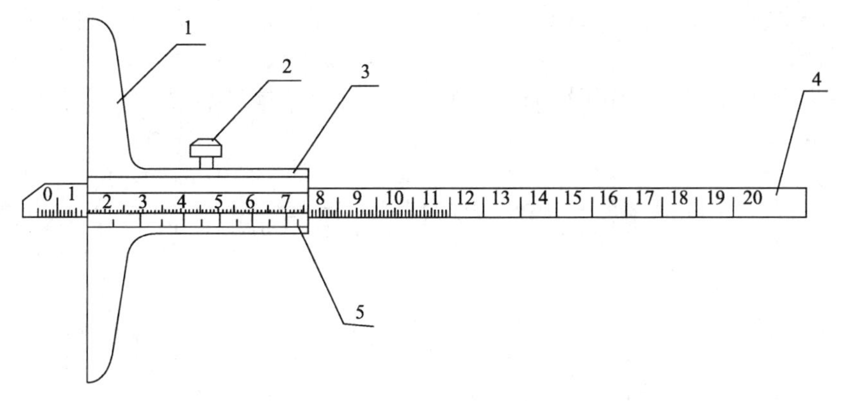

图 7-7　深度游标卡尺

1—测量基座；2—紧固螺钉；3—尺框；4—尺身；5—游标

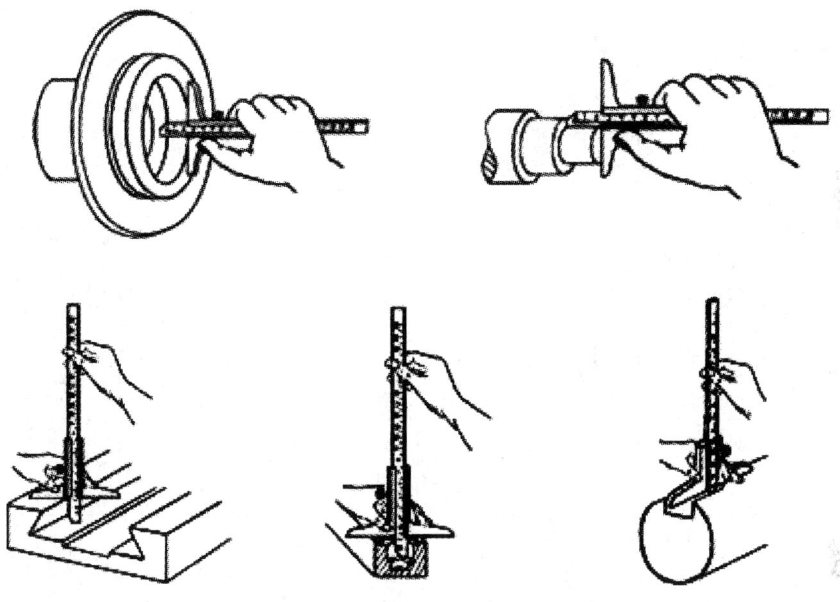

图 7-8　深度游标卡尺的应用

3. 高度游标卡尺的使用注意事项

(1) 测量前，应将被测量表面擦干净，以免灰尘、杂质磨损量具。

(2) 卡尺的测量基座和尺身端面应垂直于被测表面并贴合紧密，不得歪斜，否则会造成测量结果不准。

(3) 应在足够的光线下读数，两眼的视线与卡尺的刻线表面垂直，以减小读数误差。

(4) 在机床上测量零件时，要等零件完全停稳后进行，否则不但使量具的测量面过早磨损而失去精度，且会造成事故。

(5) 测量沟槽深度或当其他基准面是曲线时，测量基座的端面必须放在曲线的最高点上，测量结果才是工件的实际尺寸，否则会出现测量误差。

(6) 用深度游标卡尺测量零件时，不允许过分地施加压力，所用压力应使测量基座刚好接触零件基准表面，尺身刚好接触测量平面。如果测量压力过大，不但会使尺身弯曲，或基座磨损，还使测量得的尺寸不准确。

（7）为减小测量误差，适当增加测量次数，并取其平均值。即在零件的同一基准面上的不同方向进行测量。

（8）测量温度要适宜，刚加工完的工件由于温度较高不能马上测量，须等工件冷却至室温后，否则测量误差太大。

第二部分　计划与实施

引导问题

本学习任务是在数控铣床上完成凹模加工，在加工前，要做哪些准备工作？

一、 生产前的准备

1. 认真阅读零件图，完成下表

项　　目	分 析 内 容
标题栏信息	零件名称：________零件材料：________ 毛坯规格：________
零件形体	描述零件主要结构：________ ________
尺寸公差	图纸上有标注公差的尺寸有：________ ________没有标注公差的尺寸公差是多少：________
形位公差	零件有没有形位公差要求？
表面粗糙度	零件加工表面粗糙度是多少：________
其他技术要求	请描述零件其他技术要求：________ ________

2. 工量具准备

夹具：________

刀具的种类：________

量具的种类：________

其他工具或辅件：________

3. 填写工序卡

工序卡

单位名称		数控加工工序卡	零件名称	零件图号	材料	硬度

工序号	工序名称	加工车间	设备名称	设备型号	夹具
			数控铣床		

工步号	工步内容	刀具类型	刀具规格/mm	程序名	切削速度/(m/min)	主轴转速/(r/min)	进给量/(mm/r)	进给速度/(mm/min)	背吃刀量/mm	进给次数	备注

编制		审核		批准		共　页	第　页

引导问题

本学习任务是在数控铣床上完成凹模零件加工，程序用 CAXA 制造工程师软件该如何操作？

二、 自动编程

1. 造型

序号	操作过程	结果
1	点击 平面XY →点击 绘制草图	Y Z X
2	点击 →选择草图→输入拉伸高度和拔模斜度→完成拉伸造型	
3	应用二维绘图工具绘制圆弧曲线	

续表

序号	操作过程	结　果
4	点击 绘制曲面	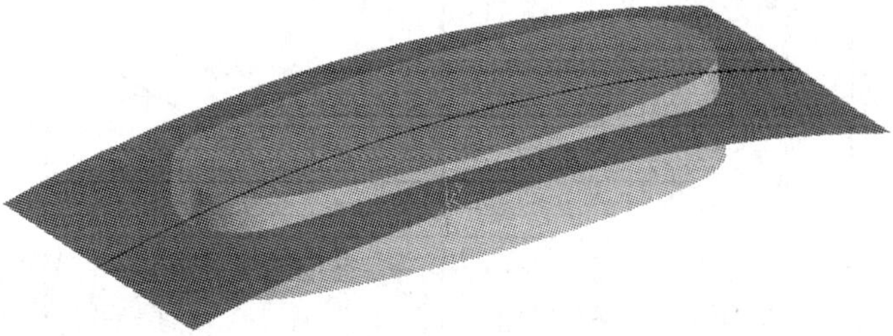
5	点击→选择步骤4的曲面完成曲面除料造型(注意选择除料方向)	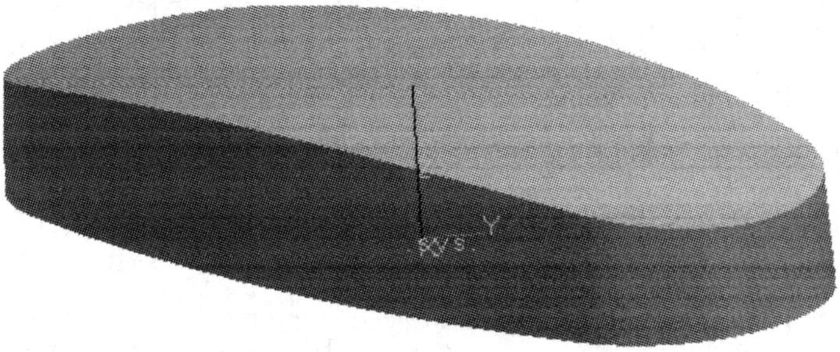
6	点击 完成圆角过渡	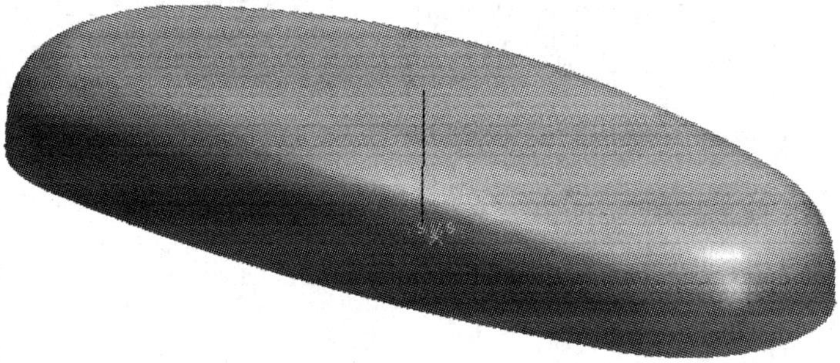
7	点击 完成抽壳造型	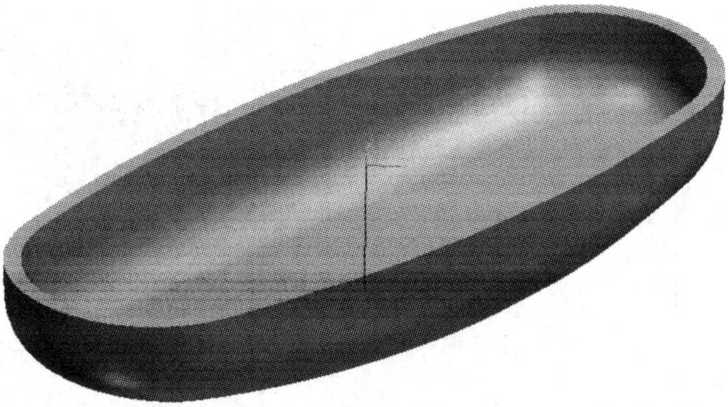

序号	操作过程	结果
8	点击 设置模具型腔（注意根据毛坯的尺寸计算）	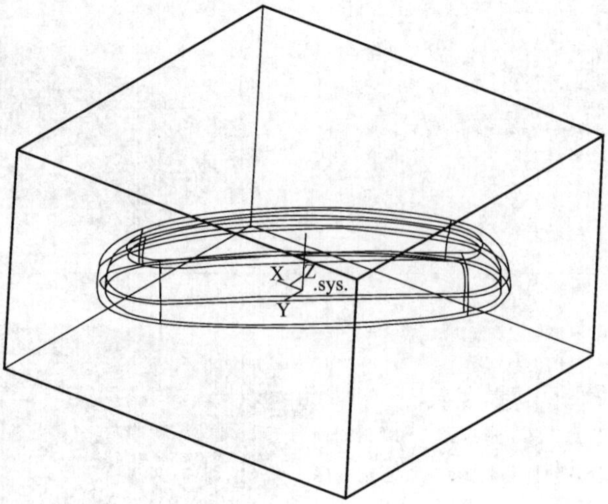 X Z .sys. Y
9	绘制草图（用于定义分模位置及形状）	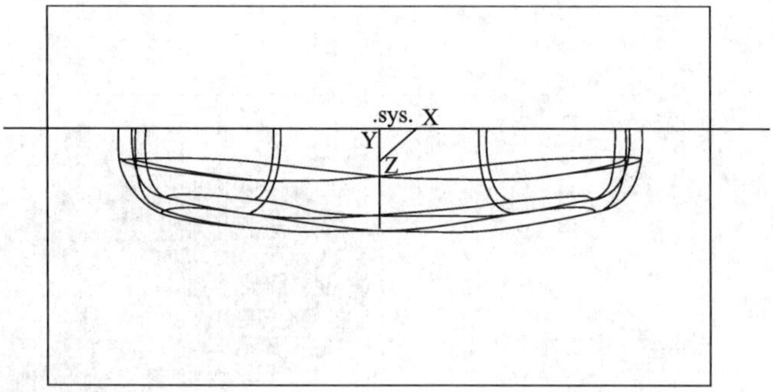 .sys. X Y Z
10	点击 →选择分模草图完成分模操作（注意分模除料方向）	

2. 生成加工轨迹

序号	操作过程	结果
1	在轨迹管理窗口双击 毛坯 完成毛坯设置	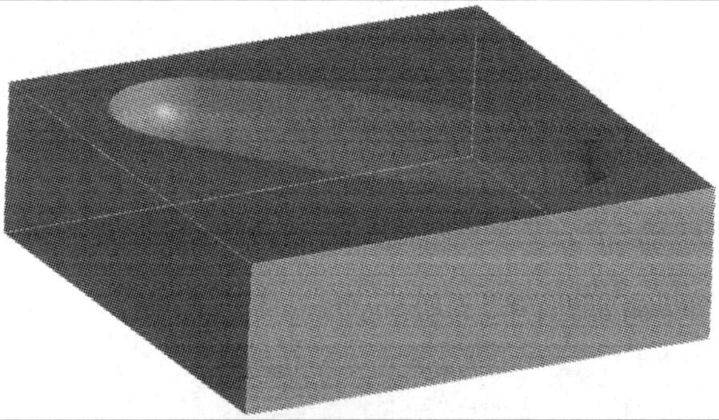
2	点击 在毛坯上表面创建新坐标系	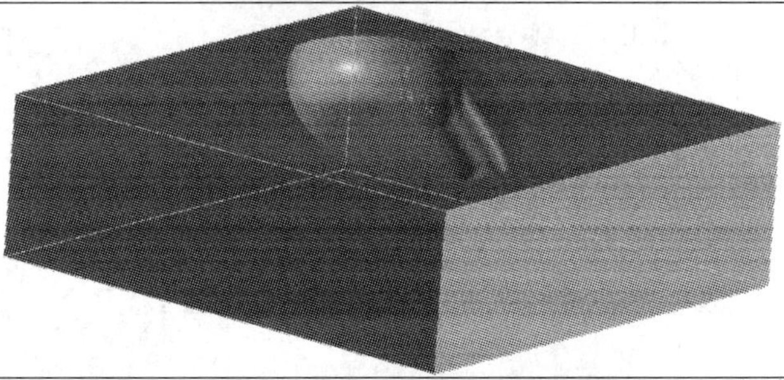
3	点击 →把凹模周边的曲线提取出来	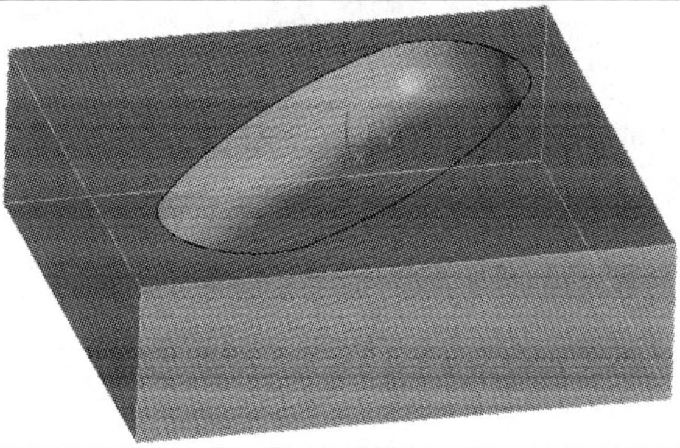
4	点击 →根据工艺卡片的加工信息填写相关加工参数生成等高线粗加工轨迹	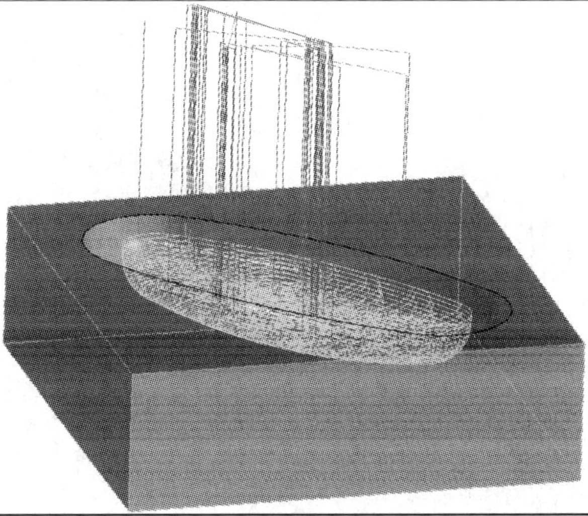

续表

序号	操作过程	结果
5	点击 →根据工艺卡片的加工信息填写相关加工参数生成三维偏置精加工轨迹	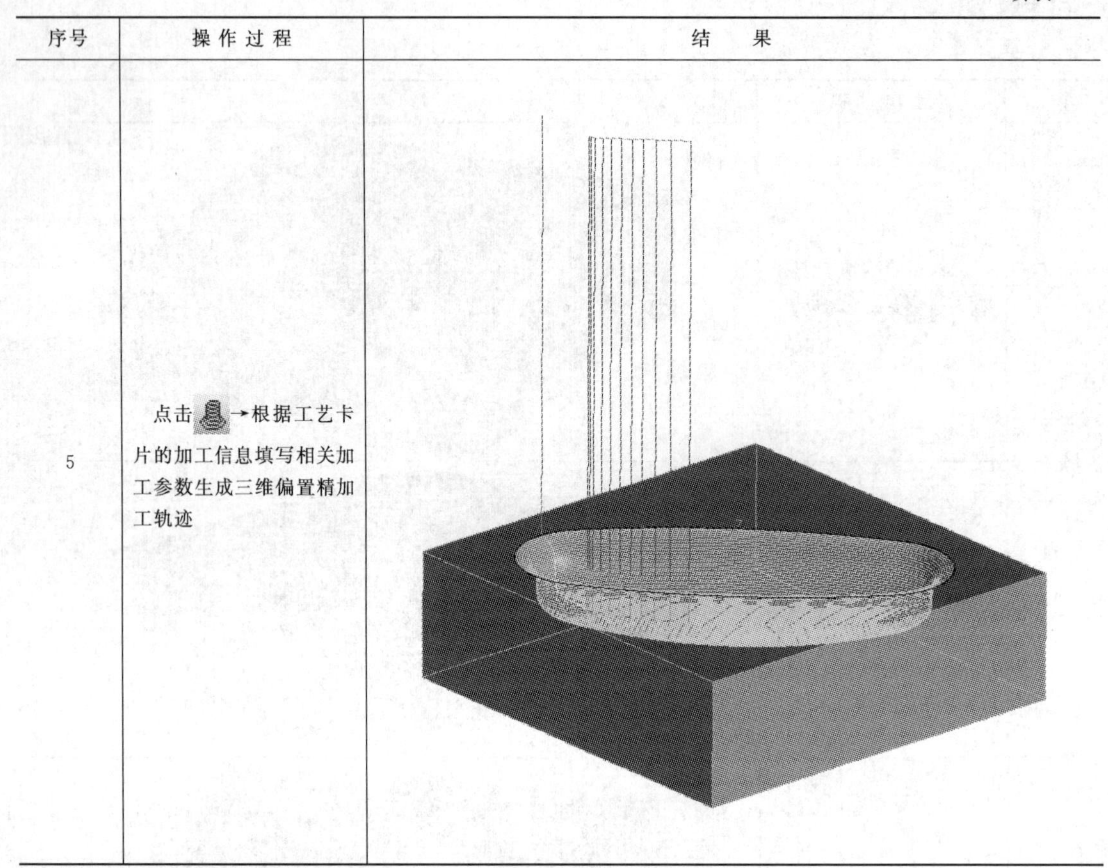

3. 检验加工轨迹

序号	操作过程	结果
1	点击加工菜单→实体仿真→选所有加工轨迹进行实体仿真	

续表

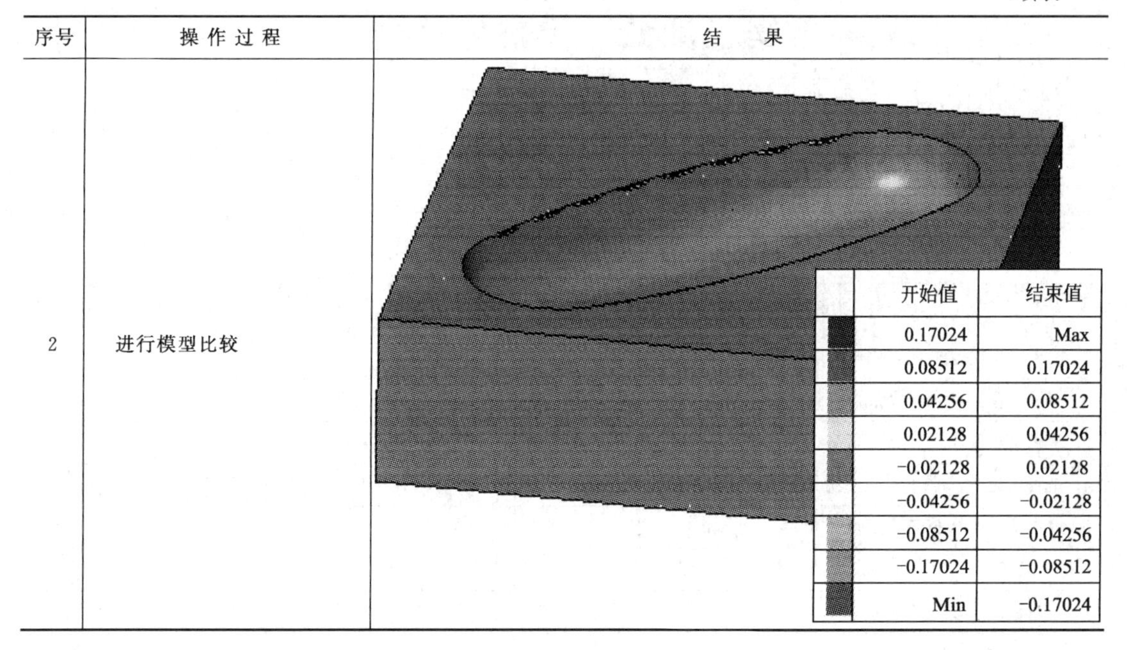

序号	操作过程	结果
2	进行模型比较	

4. 生成 G 代码

（1）CAXA 制造工程师生成 G 代码时可以不输出行吗？如何操作？

（2）把本任务的 G 代码按 FANUC 系统输出。

引导问题

按照怎样的步骤才能加工出合格的零件？

三、 在数控铣床上完成零件加工

分步完成零件加工，填写生产流程表。

生产流程表

序　号	生产内容	结果记录
1	装夹工件、刀具、对刀设定工件坐标系	
2	输入 G 代码	
3	粗加工凹模型腔	
4	凹模型腔部分精加工	
5	测量尺寸 40mm（凹模型腔宽度），记录测量值	
6	测量尺寸高度尺寸 15mm（凹模型腔高度），记录测量值	
7	如何尺寸偏小，根据测量尺寸修改刀补再对凹模型腔部分补加工	
8	拆下清洗工件，去毛刺	
9	零件件全部尺寸测量并记录	

第三部分　评价与反馈

一、 自我评价

班级：________________　　　　姓名：________________

学习任务名称：________________________________

评 价 项 目	是	否
1. 能否分析出零件的正确形体		
2. 前置作业是否全部完成		
3. 是否完成了小组分配的任务		
4. 是否认为自己在小组中不可或缺		
5. 这次课是否严格遵守了课堂纪律		
6. 在本次学习任务的学习过程中，是否主动帮助同学		
7. 对自己的表现是否满意		

二、 小组评价

序　号	评 价 项 目	评价(1～10)
1	团队合作意识，注重沟通	
2	能自主学习及相互协作，尊重他人	
3	学习态度积极主动，能参加安排的活动	
4	服从教师的教学安排，遵守学习场所管理规定，遵守纪律	
5	能正确地领会他人提出的学习问题	
6	遵守学习场所的规章制度	
7	工作岗位的责任心	
8	学习主动	
9	能正确对待肯定和否定的意见	
10	团队学习中主动与合作的情况如何	

评价人：________________　　　　年　　月　　日

三、 教师评价

序号	项　　目	教师评价			
		优	良	中	差
1	按时上、下课				
2	着装符合要求				
3	遵守课堂纪律				

续表

序　　号	项　　目	教 师 评 价			
		优	良	中	差
4	学习的主动性和独立性				
5	工具、仪器使用规范				
6	主动参与工作现场的6S工作				
7	工作页填写完整				
8	与小组成员积极沟通并协助其他成员共同完成学习任务				
9	会快速查阅各种手册等资料				
10	教师综合评价				

第四部分　学习拓展

要完成10件如图7-9所示凸模的加工，相对于前面制定的单件生产工艺，在夹具、刀具、工艺流程、程序等方面要进行哪些修改？

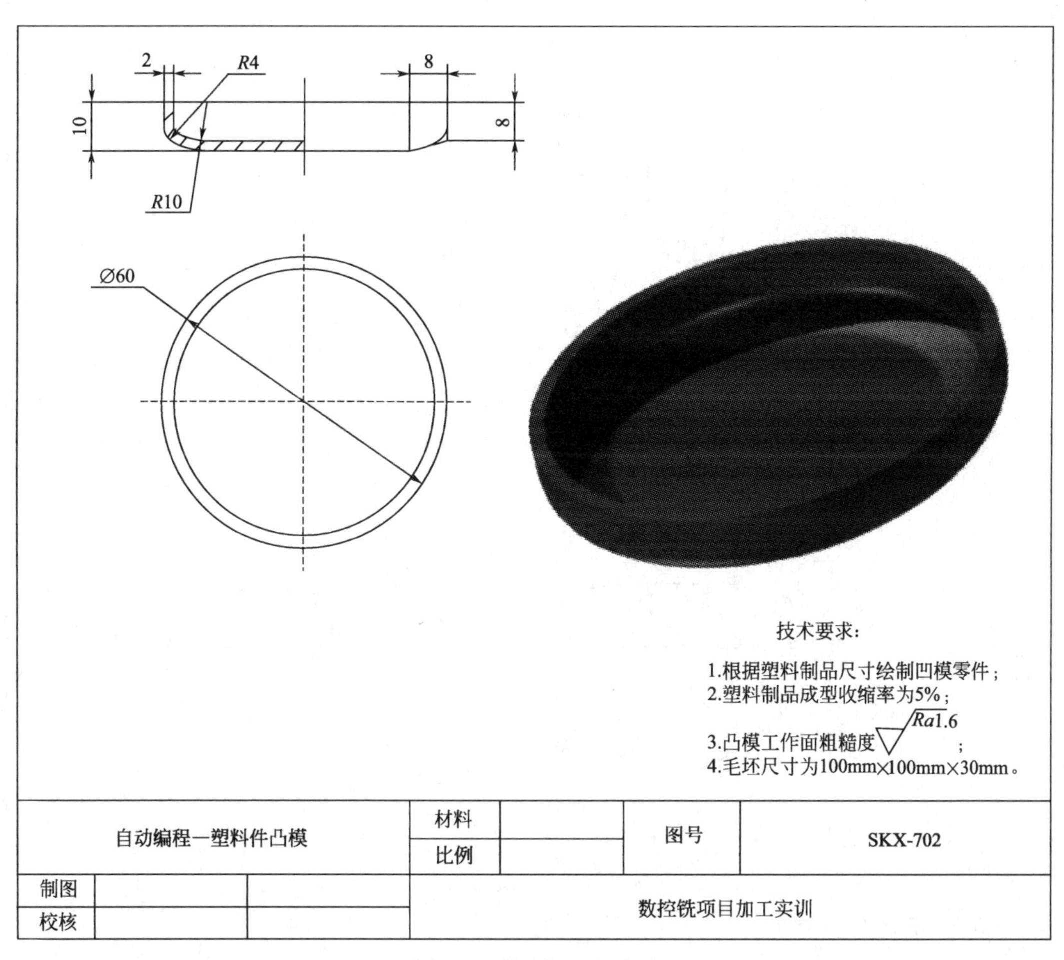

图7-9　学习拓展训练图

附 录

附录一　数控铣工中级操作技能考核试卷

数控铣工中级操作技能考核试卷 1

考件编号：__________姓名：__________准考证号：__________单位：

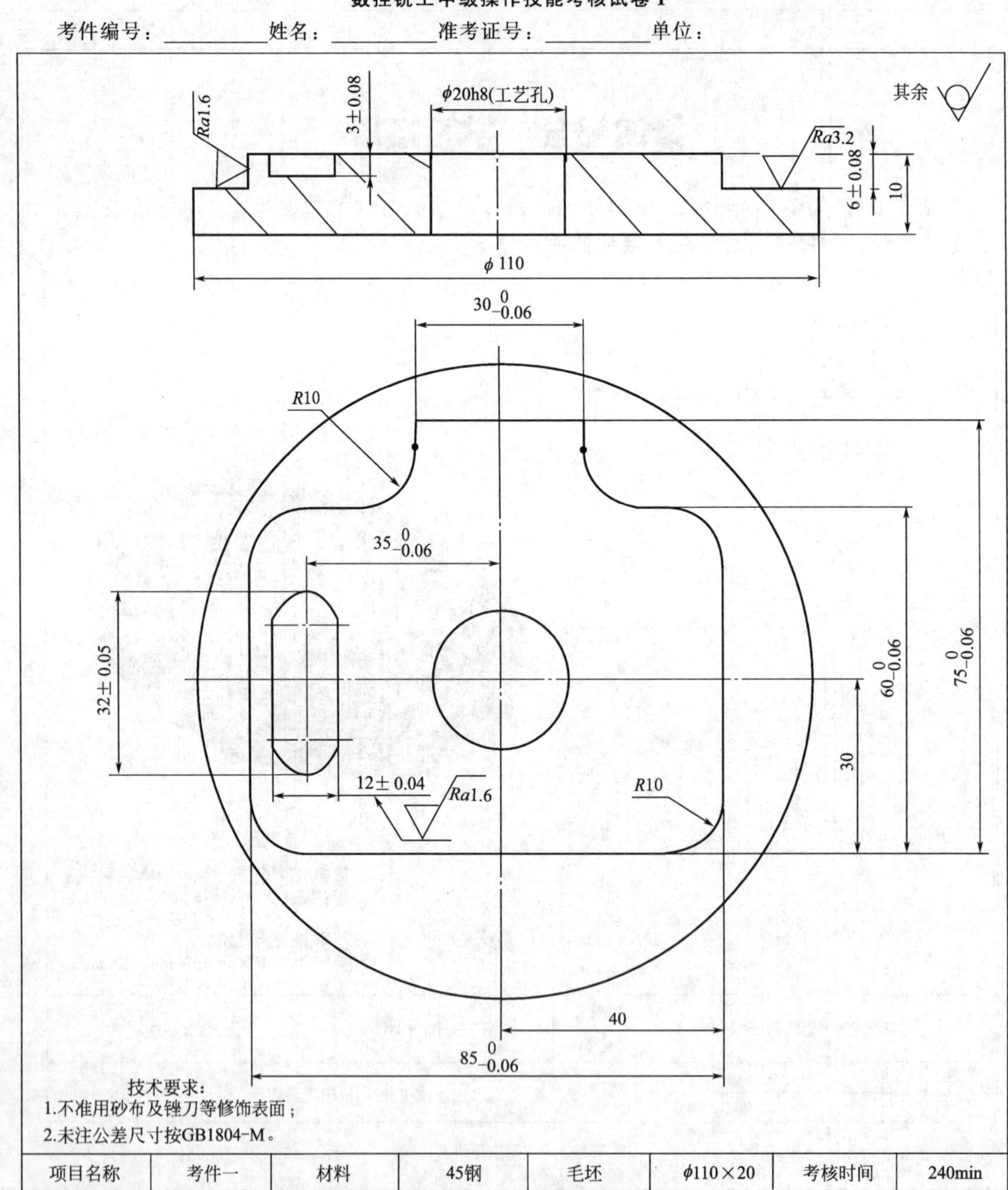

技术要求：
1.不准用砂布及锉刀等修饰表面；
2.未注公差尺寸按GB1804-M。

项目名称	考件一	材料	45钢	毛坯	φ110×20	考核时间	240min

数控铣工中级操作技能考核试卷考件一评分表

考件编号：__________姓名：__________准考证号：__________单位：

序号	项　　目	考核内容		配分	评分标准	检测结果	扣分	得分	备注
1	外形	$85_{-0.06}^{0}$	IT	4	超差 0.01 扣 2 分				
			Ra	4	降一级扣 2 分				
		$75_{-0.06}^{0}$	IT	4	超差 0.01 扣 2 分				
			Ra	4	降一级扣 2 分				
		$30_{-0.06}^{0}$	IT	4	超差 0.01 扣 2 分				
			Ra	4	降一级扣 2 分				
		6±0.08	IT	4	超差 0.01 扣 2 分				
			Ra	4	降一级扣 2 分				
		*R*10	IT	4	超差 0.01 扣 2 分				
			Ra	2	降一级扣 2 分				
2	槽	32±0.05	IT	4	超差 0.01 扣 1 分				
			Ra	4	降一级扣 2 分				
		12±0.04	IT	4	超差 0.01 扣 1 分				
			Ra	4	降一级扣 2 分				
		3±0.08	IT	4	超差 0.01 扣 1 分				
			Ra	2	降一级扣 2 分				
3	程序编制	建立工作坐标系		2	出现错误不得分				
		程序代码正确		4	出现错误不得分				
		刀具轨迹显示正确		3	出现错误不得分				
		程序要完整		4	出现错误不得分				
4	机床操作	开机及系统复位		3	出现错误不得分				
		装夹工件		2	出现错误不得分				
		输入及修改程序		5	出现错误不得分				
		正确设定对刀点		3	出现错误不得分				
		建立刀补		4	出现错误不得分				
		自动运行		3	出现错误不得分				
5	工、量、刃具的正确使用	执行操作规程		2	违反规程不得分				
		使用工具、量具		3	选择错误不得分				
6	加工时间	超过定额时间 5min 扣 1 分；超过 10min 扣 5 分，以后每超过 5min 加扣 5 分，超过 30min 则停止考试							
7	文明生产	按有关规定每违反一项从总分中扣 3 分，发生重大事故取消考试。扣分不超过 10 分							

监考人		检验员		考评员	

数控铣工中级操作技能考核试卷 2

考件编号：__________姓名：__________准考证号：__________单位：

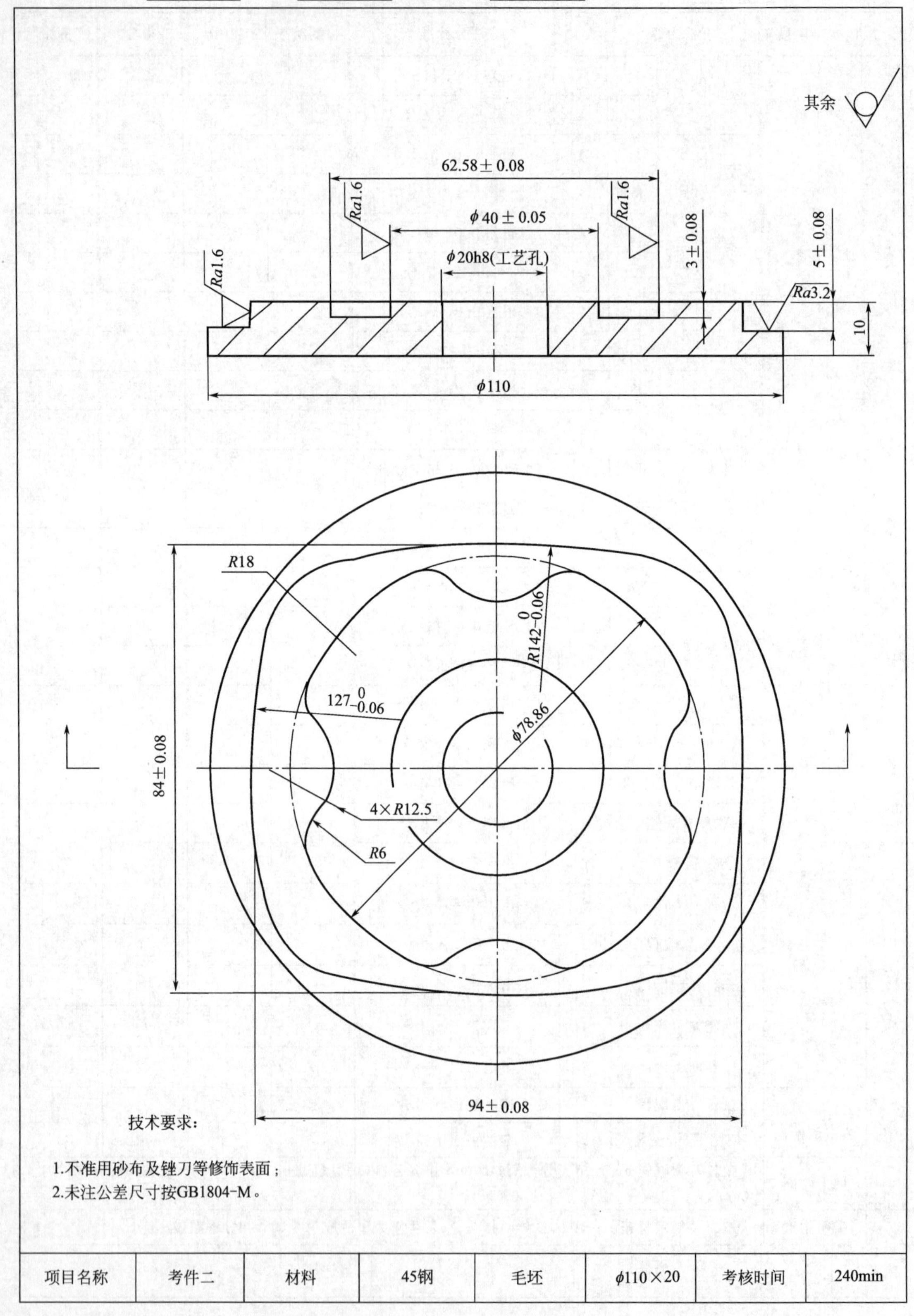

技术要求：

1.不准用砂布及锉刀等修饰表面；
2.未注公差尺寸按GB1804-M。

项目名称	考件二	材料	45钢	毛坯	φ110×20	考核时间	240min

数控铣工中级操作技能考核试卷考件二评分表

考件编号：__________姓名：__________准考证号：__________单位：

<table>
<tr><th>序号</th><th>项　目</th><th colspan="2">考核内容</th><th>配分</th><th>评分标准</th><th>检测结果</th><th>扣分</th><th>得分</th><th>备注</th></tr>
<tr><td rowspan="10">1</td><td rowspan="10">外形</td><td rowspan="2">94±0.08</td><td>IT</td><td>4</td><td>超差 0.01 扣 2 分</td><td></td><td></td><td></td><td></td></tr>
<tr><td>Ra</td><td>4</td><td>降一级扣 2 分</td><td></td><td></td><td></td><td></td></tr>
<tr><td rowspan="2">84±0.08</td><td>IT</td><td>4</td><td>超差 0.01 扣 2 分</td><td></td><td></td><td></td><td></td></tr>
<tr><td>Ra</td><td>4</td><td>降一级扣 2 分</td><td></td><td></td><td></td><td></td></tr>
<tr><td rowspan="2">ϕ40±0.05</td><td>IT</td><td>4</td><td>超差 0.01 扣 2 分</td><td></td><td></td><td></td><td></td></tr>
<tr><td>Ra</td><td>4</td><td>降一级扣 2 分</td><td></td><td></td><td></td><td></td></tr>
<tr><td rowspan="2">5±0.08</td><td>IT</td><td>4</td><td>超差 0.01 扣 2 分</td><td></td><td></td><td></td><td></td></tr>
<tr><td>Ra</td><td>4</td><td>降一级扣 2 分</td><td></td><td></td><td></td><td></td></tr>
<tr><td rowspan="2">R18</td><td>IT</td><td>4</td><td>超差 0.01 扣 2 分</td><td></td><td></td><td></td><td></td></tr>
<tr><td>Ra</td><td>2</td><td>降一级扣 2 分</td><td></td><td></td><td></td><td></td></tr>
<tr><td rowspan="6">2</td><td rowspan="6">槽</td><td rowspan="2">ϕ78.86</td><td>IT</td><td>4</td><td>超差 0.01 扣 1 分</td><td></td><td></td><td></td><td></td></tr>
<tr><td>Ra</td><td>4</td><td>降一级扣 2 分</td><td></td><td></td><td></td><td></td></tr>
<tr><td rowspan="2">62.58±0.08</td><td>IT</td><td>4</td><td>超差 0.01 扣 1 分</td><td></td><td></td><td></td><td></td></tr>
<tr><td>Ra</td><td>4</td><td>降一级扣 2 分</td><td></td><td></td><td></td><td></td></tr>
<tr><td rowspan="2">3±0.08</td><td>IT</td><td>4</td><td>超差 0.01 扣 1 分</td><td></td><td></td><td></td><td></td></tr>
<tr><td>Ra</td><td>4</td><td>降一级扣 2 分</td><td></td><td></td><td></td><td></td></tr>
<tr><td rowspan="4">3</td><td rowspan="4">程序编制</td><td colspan="2">建立工作坐标系</td><td>2</td><td>出现错误不得分</td><td></td><td></td><td></td><td></td></tr>
<tr><td colspan="2">程序代码正确</td><td>4</td><td>出现错误不得分</td><td></td><td></td><td></td><td></td></tr>
<tr><td colspan="2">刀具轨迹显示正确</td><td>3</td><td>出现错误不得分</td><td></td><td></td><td></td><td></td></tr>
<tr><td colspan="2">程序要完整</td><td>4</td><td>出现错误不得分</td><td></td><td></td><td></td><td></td></tr>
<tr><td rowspan="6">4</td><td rowspan="6">机床操作</td><td colspan="2">开机及系统复位</td><td>3</td><td>出现错误不得分</td><td></td><td></td><td></td><td></td></tr>
<tr><td colspan="2">装夹工件</td><td>2</td><td>出现错误不得分</td><td></td><td></td><td></td><td></td></tr>
<tr><td colspan="2">输入及修改程序</td><td>5</td><td>出现错误不得分</td><td></td><td></td><td></td><td></td></tr>
<tr><td colspan="2">正确设定对刀点</td><td>3</td><td>出现错误不得分</td><td></td><td></td><td></td><td></td></tr>
<tr><td colspan="2">建立刀补</td><td>4</td><td>出现错误不得分</td><td></td><td></td><td></td><td></td></tr>
<tr><td colspan="2">自动运行</td><td>3</td><td>出现错误不得分</td><td></td><td></td><td></td><td></td></tr>
<tr><td rowspan="2">5</td><td rowspan="2">工、量、刃具的正确使用</td><td colspan="2">执行操作规程</td><td>2</td><td>违反规程不得分</td><td></td><td></td><td></td><td></td></tr>
<tr><td colspan="2">使用工具、量具</td><td>3</td><td>选择错误不得分</td><td></td><td></td><td></td><td></td></tr>
<tr><td>6</td><td>加工时间</td><td colspan="8">超过定额时间 5min 扣 1 分；超过 10min 扣 5 分，以后每超过 5min 加扣 5 分，超过 30min 则停止考试</td></tr>
<tr><td>7</td><td>文明生产</td><td colspan="8">按有关规定每违反一项从总分中扣 3 分，发生重大事故取消考试。扣分不超过 10 分</td></tr>
<tr><td>监考人</td><td colspan="2"></td><td>检验员</td><td colspan="2"></td><td>考评员</td><td></td><td></td><td></td></tr>
</table>

数控铣工中级操作技能考核试卷 3

考件编号：__________ 姓名：__________ 准考证号：__________ 单位：

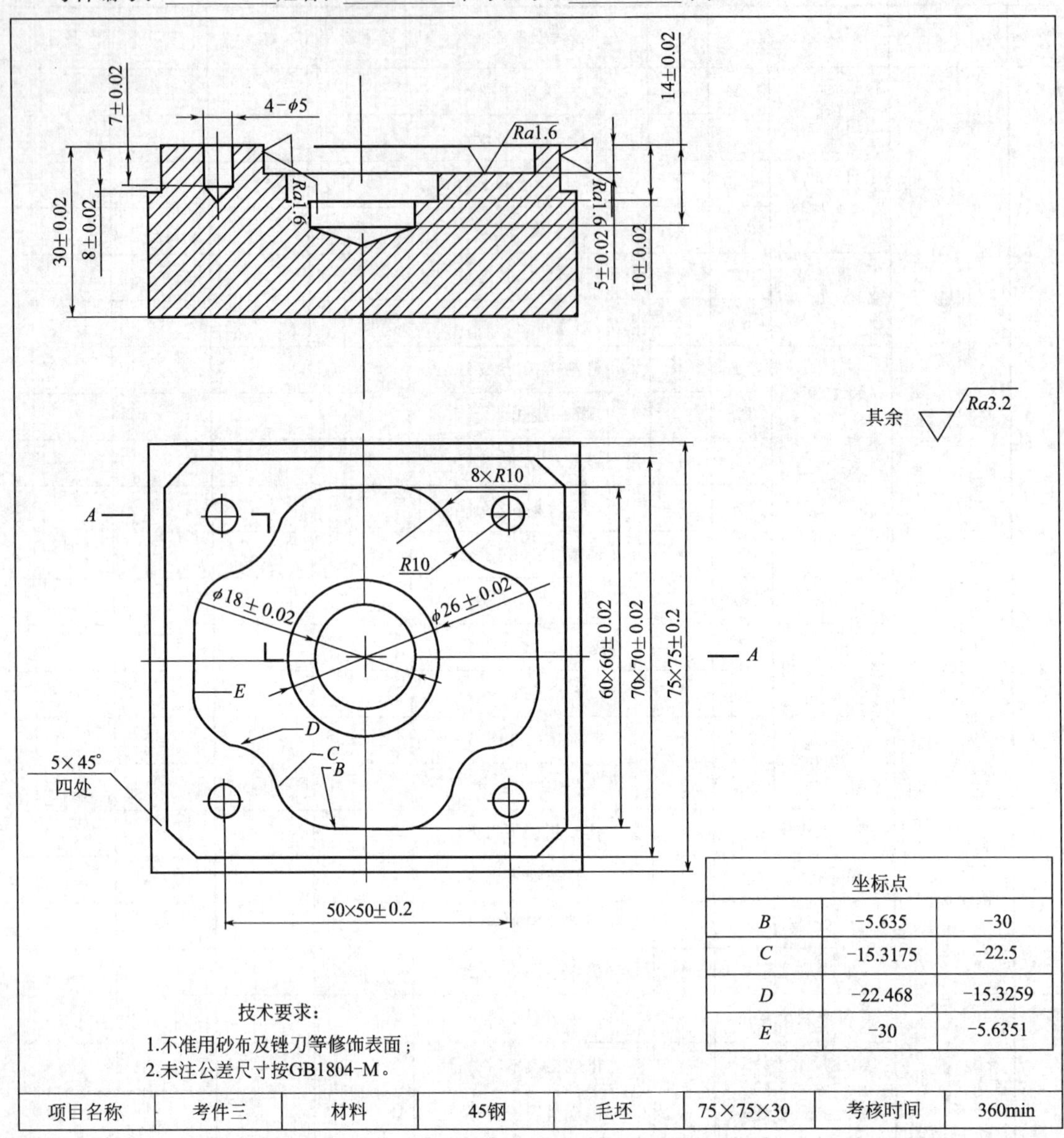

坐标点		
B	−5.635	−30
C	−15.3175	−22.5
D	−22.468	−15.3259
E	−30	−5.6351

技术要求：

1.不准用砂布及锉刀等修饰表面；

2.未注公差尺寸按GB1804-M。

项目名称	考件三	材料	45钢	毛坯	75×75×30	考核时间	360min

数控铣工中级操作技能考核试卷考件三评分表

考件编号：__________ 姓名：__________ 准考证号：__________ 单位：

序号	项　目	考核内容		配分	评分标准	检测结果	扣分	得分	备注
1	外形	70±0.02	IT	4	超差 0.01 扣 1 分				
			Ra	2	降一级扣 1 分				
		5	IT	2	超差 0.01 扣 1 分				
			Ra	2	降一级扣 1 分				
		8±0.02	IT	2	超差 0.01 扣 1 分				
			Ra	2	降一级扣 1 分				

续表

序号	项目	考核内容		配分	评分标准	检测结果	扣分	得分	备注
2	槽	32±0.05	IT	2	超差0.01扣1分				
			Ra	2	降一级扣1分				
		60±0.02	IT	2	超差0.01扣1分				
			Ra	2	降一级扣1分				
		ϕ18±0.02	IT	4	超差0.01扣1分				
			Ra	2	降一级扣1分				
		ϕ26±0.02	IT	4	超差0.01扣1分				
			Ra	2	降一级扣1分				
		*R*10	IT	2	超差0.01扣1分				
			Ra	2	降一级扣1分				
		ϕ5	IT	2	超差0.01扣1分				
			Ra	2	降一级扣1分				
		10±0.02	IT	2	超差0.01扣1分				
			Ra	2	降一级扣1分				
		5±0.02	IT	2	超差0.01扣1分				
			Ra	2	降一级扣1分				
		7±0.02	IT	2	超差0.01扣1分				
			Ra	2	降一级扣1分				
		50×50±0.02	IT	2	超差0.01扣1分				
			Ra	2	降一级扣1分				
		14±0.02	IT	2	超差0.01扣1分				
			Ra	2	降一级扣1分				
3	程序编制	建立工作坐标系		2	出现错误不得分				
		程序代码正确		4	出现错误不得分				
		刀具轨迹显示正确		3	出现错误不得分				
		程序要完整		4	出现错误不得分				
4	机床操作	开机及系统复位		3	出现错误不得分				
		装夹工件		2	出现错误不得分				
		输入及修改程序		5	出现错误不得分				
		正确设定对刀点		3	出现错误不得分				
		建立刀补		4	出现错误不得分				
		自动运行		3	出现错误不得分				
5	工、量、刃具的正确使用	执行操作规程		2	违反规程不得分				
		使用工具、量具		3	选择错误不得分				
6	加工时间	超过定额时间5min扣1分；超过10min扣5分，以后每超过5min加扣5分，超过30min则停止考试							
7	文明生产	按有关规定每违反一项从总分中扣3分，发生重大事故取消考试。扣分不超过10分							
监考人		检验员				考评员			

数控铣工中级操作技能考核试卷 4

考件编号：__________姓名：__________准考证号：__________单位：

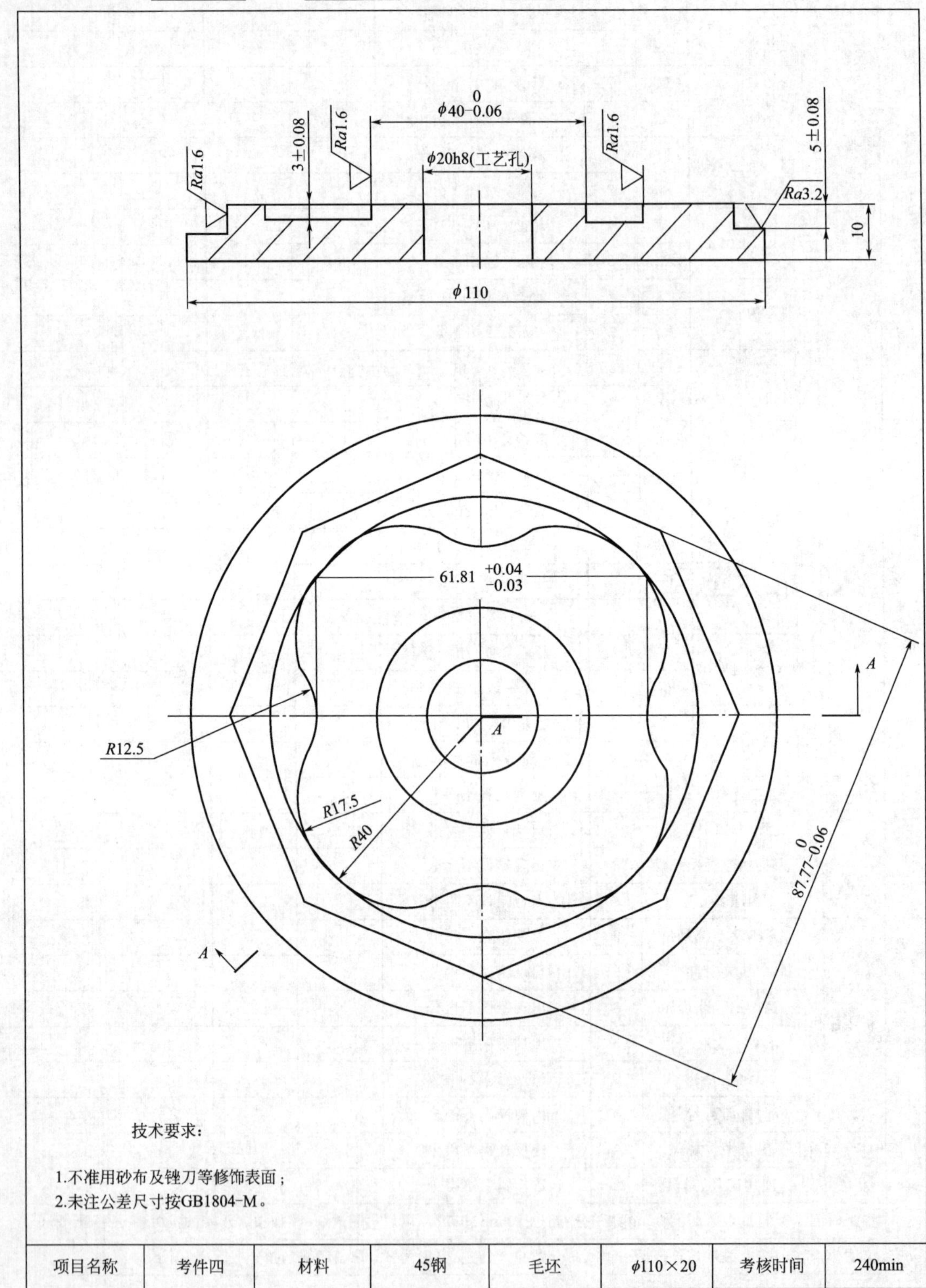

技术要求：

1.不准用砂布及锉刀等修饰表面；
2.未注公差尺寸按GB1804-M。

项目名称	考件四	材料	45钢	毛坯	ϕ110×20	考核时间	240min

数控铣工中级操作技能考核试卷考件四评分表

考件编号：__________姓名：__________准考证号：__________单位：

序号	项目	考核内容		配分	评分标准	检测结果	扣分	得分	备注
1	外形	$87.77_{-0.06}^{0}$	IT	4	超差 0.01 扣 2 分				
			Ra	4	降一级扣 2 分				
		5±0.08	IT	4	超差 0.01 扣 2 分				
			Ra	4	降一级扣 2 分				
	槽	$61.81_{-0.03}^{+0.04}$	IT	4	超差 0.01 扣 2 分				
			Ra	4	降一级扣 2 分				
		$\phi40_{-0.06}^{0}$	IT	4	超差 0.01 扣 2 分				
			Ra	4	降一级扣 2 分				
		*R*17.5	IT	4	超差 0.01 扣 2 分				
			Ra	2	降一级扣 2 分				
2		*R*40	IT	4	超差 0.01 扣 2 分				
			Ra	4	降一级扣 2 分				
		*R*12.5	IT	4	超差 0.01 扣 2 分				
			Ra	4	降一级扣 2 分				
		3±0.08	IT	4	超差 0.01 扣 1 分				
			Ra	2	降一级扣 2 分				
3	程序编制	建立工作坐标系		2	出现错误不得分				
		程序代码正确		4	出现错误不得分				
		刀具轨迹显示正确		3	出现错误不得分				
		程序要完整		4	出现错误不得分				
4	机床操作	开机及系统复位		3	出现错误不得分				
		装夹工件		2	出现错误不得分				
		输入及修改程序		5	出现错误不得分				
		正确设定对刀点		3	出现错误不得分				
		建立刀补		4	出现错误不得分				
		自动运行		3	出现错误不得分				
5	工、量、刃具的正确使用	执行操作规程		2	违反规程不得分				
		使用工具、量具		3	选择错误不得分				
6	加工时间	超过定额时间 5min 扣 1 分；超过 10min 扣 5 分，以后每超过 5min 加扣 5 分，超过 30min 则停止考试							
7	文明生产	按有关规定每违反一项从总分中扣 3 分，发生重大事故取消考试。扣分不超过 10 分							

监考人		检验员		考评员	

数控铣工中级操作技能考核试卷5

考件编号：________ 姓名：________ 准考证号：________ 单位：________

技术要求：

1.不准用砂布及锉刀等修饰表面；

2.未注公差尺寸GB1804-M。

坐标点		
A	29.082	−14.296
B	31.898	−24.726
C	20.870	−23.512
D	31.531	−45.406
E	−29.697	10.406
F	−31.301	7.714

项目名称	考件五	材料	45钢	毛坯	110×110×20	考核时间	360min

数控铣工中级操作技能考核试卷考件五评分表

考件编号：________ 姓名：________ 准考证号：________ 单位：________

序号	项目	考核内容		配分	评分标准	检测结果	扣分	得分	备注
1	外形	$82.17^{0}_{-0.06}$	IT	4	超差0.01扣1分				
			Ra	2	降一级扣1分				
		*R*12.24	IT	2	超差0.01扣1分				
			Ra	2	降一级扣1分				
		*R*8.17	IT	2	超差0.01扣1分				
			Ra	2	降一级扣1分				

续表

序号	项　目	考核内容		配分	评分标准	检测结果	扣分	得分	备注
1	外形	$R7.83$	IT	2	超差 0.01 扣 1 分				
			Ra	2	降一级扣 1 分				
		29.72	IT	2	超差 0.01 扣 1 分				
			Ra	1	降一级扣 1 分				
		$R60$	IT	2	超差 0.01 扣 1 分				
			Ra	1	降一级扣 1 分				
		$16_{-0.1}^{0}$	IT	2	超差 0.01 扣 1 分				
			Ra	2	降一级扣 1 分				
		$3_{-0.06}^{0}$	IT	4	超差 0.01 扣 1 分				
			Ra	2	降一级扣 1 分				
		$3_{-0.06}^{0}$	IT	4	超差 0.01 扣 1 分				
			Ra	2	降一级扣 1 分				
		$R60.17$	IT	2	超差 0.01 扣 1 分				
			Ra	1	降一级扣 1 分				
		$R32.33$	IT	2	超差 0.01 扣 1 分				
			Ra	1	降一级扣 1 分				
2	孔	$\phi 8$	IT	4	超差 0.01 扣 1 分				
			Ra	2	降一级扣 1 分				
		$50_{-0.06}^{0}$	IT	4	超差 0.01 扣 1 分				
			Ra	2	降一级扣 1 分				
		$16_{-0.1}^{0}$	IT	2	超差 0.01 扣 1 分				
			Ra	2	降一级扣 1 分				
3	程序编制	建立工作坐标系		2	出现错误不得分				
		程序代码正确		4	出现错误不得分				
		刀具轨迹显示正确		3	出现错误不得分				
		程序要完整		4	出现错误不得分				
4	机床操作	开机及系统复位		3	出现错误不得分				
		装夹工件		2	出现错误不得分				
		输入及修改程序		5	出现错误不得分				
		正确设定对刀点		3	出现错误不得分				
		建立刀补		4	出现错误不得分				
		自动运行		3	出现错误不得分				
5	工、量、刃具的正确使用	执行操作规程		2	违反规程不得分				
		使用工具、量具		3	选择错误不得分				
6	加工时间	超过定额时间 5min 扣 1 分；超过 10min 扣 5 分，以后每超过 5min 加扣 5 分，超过 30min 则停止考试							
7	文明生产	按有关规定每违反一项从总分中扣 3 分，发生重大事故取消考试。扣分不超过 10 分							
监考人			检验员			考评员			

附录二 FANUC 0 数控指令

一、 指令列表

	0-T	0-M		0-T	0-M		0-T	0-M
G00	√	√	G44		√	G75	√	
G01	√	√	G49		√	G76	√	√
G02	√	√	G50	√	√	G80		√
G03	√	√	G51		√	G81		√
G04	√	√	G52		√	G82		√
G15		√	G53	√	√	G83		√
G16		√	G54	√	√	G84		√
G17		√	G55	√	√	G85		√
G18		√	G56	√	√	G86		√
G19		√	G57	√	√	G88		√
G20	√	√	G58	√	√	G89		√
G21	√	√	G59	√	√	G90	√	√
G28	√	√	G68		√	G91		√
G29	√	√	G69		√	G92	√	√
G32	√		G70	√		G94	√	
G40	√	√	G71	√		G98	√	√
G41	√	√	G72	√		G99	√	√
G42	√	√	G73	√	√			
G43		√	G74	√	√			

二、 功能格式（数控铣床和加工中心）

代码	分组	意　义	格　式
G00	01	快速进给、定位	G00 X_Y_ Z_
G01		直线插补	G01 X_Y_Z_
G02		圆弧插补 CW(顺时针)	*XY* 平面内的圆弧： $G17\left\{\begin{matrix}G02\\G03\end{matrix}\right\}X——Y——\left\{\begin{matrix}R——\\I——J——\end{matrix}\right\}$ *ZX* 平面的圆弧： $G18\left\{\begin{matrix}G02\\G03\end{matrix}\right\}X——Z——\left\{\begin{matrix}R——\\I——K——\end{matrix}\right\}$ *YZ* 平面的圆弧： $G19\left\{\begin{matrix}G02\\G03\end{matrix}\right\}Y——Z——\left\{\begin{matrix}R——\\J——K——\end{matrix}\right\}$
G03		圆弧插补 CCW(逆时针)	

续表

代码	分组	意义	格式
G04	00	暂停	G04 [P|X]单位秒，增量状态单位毫秒，无参数状态表示停止
G15	17	取消极坐标指令	G15 取消极坐标方式
G16		极坐标指令	Gxx Gyy G16 开始极坐标指令 G00 IP_ 极坐标指令 Gxx：极坐标指令的平面选择(G17,G18,G19) Gyy：G90 指定工件坐标系的零点为极坐标的原点 G91 指定当前位置作为极坐标的原点 IP：指定极坐标系选择平面的轴地址及其值 第 1 轴：极坐标半径 第 2 轴：极角
G17	02	*XY* 平面	G17 选择 *XY* 平面 G18 选择 *XZ* 平面 G19 选择 *YZ* 平面
G18		*ZX* 平面	
G19		*YZ* 平面	
G20	06	英制输入	
G21		米制输入	
G28	00	回归参考点	G28 X_ Y_ Z_
G29		由参考点回归	G29 X_Y_Z_
G40	07	刀具半径补偿取消	G40
G41		左半径补偿	{G41/G42} Dnn
G42		右半径补偿	
G43	08	刀具长度补偿＋	{G43/G44} Hnn
G44		刀具长度补偿－	
G49		刀具长度补偿取消	G49
G50	11	取消缩放	G50 缩放取消
G51		比例缩放	G51 X_Y_Z_P_：缩放开始 X_Y_Z_：比例缩放中心坐标的绝对值指令 P_：缩放比例 G51 X_Y_Z_I_J_K_：缩放开始 X_Y_Z_：比例缩放中心坐标值的绝对值指令 I_J_K_：*X*、*Y*、*Z* 各轴对应的缩放比例
G52	00	设定局部坐标系	G52 IP_：设定局部坐标系 G52 IP0：取消局部坐标系 IP：局部坐标系原点
G53		机械坐标系选择	G53 X_ Y_ Z_
G54	14	选择工作坐标系 1	GXX
G55		选择工作坐标系 2	
G56		选择工作坐标系 3	
G57		选择工作坐标系 4	
G58		选择工作坐标系 5	
G59		选择工作坐标系 6	

续表

代码	分组	意　义	格　式
G68	16	坐标系旋转	(G17/G18/G19)G68 a_ b_R_:坐标系开始旋转 G17/G18/G19:平面选择,在其上包含旋转的形状 a_ b_:与指令坐标平面相应的 X、Y、Z 中的两个轴的绝对指令,在 G68 后面指定旋转中心 R_:角度位移,正值表示逆时针旋转。根据指令的 G 代码(G90 或 G91)确定绝对值或增量值 最小输入增量单位:0.001deg 有效数据范围:-360.000 到 360.000
G69		取消坐标轴旋转	G69:坐标轴旋转取消指令
G73	09	深孔钻削固定循环	G73 X_Y_Z_R_Q_F_
G74		左螺纹攻螺纹固定循环	G74 X_Y_Z_R_P_F_
G76		精镗固定循环	G76 X_Y_Z_R_Q_F_
G90	03	绝对方式指定	GXX
G91		相对方式指定	
G92	00	工作坐标系的变更	G92 X_Y_Z_
G98	10	返回固定循环初始点	GXX
G99		返回固定循环 R 点	
G80	09	固定循环取消	
G81		钻削固定循环、钻中心孔	G81 X_Y_Z_R_F_
G82		钻削固定循环、锪孔	G82 X_Y_Z _R_P_F_
G83		深孔钻削固定循环	G83 X_Y_Z_R_Q_F_
G84		攻螺纹固定循环	G84 X_Y_Z_R_F_
G85		镗削固定循环	G85 X_Y_Z_R_F_
G86		退刀形镗削固定循环	G86 X_Y_Z_R_P_F_
G88		镗削固定循环	G88 X_Y_Z_R_P_F_
G89		镗削固定循环	G89 X_Y_Z_R_P_F_

三、系统辅助功能　指令列表

代　码	功能作用范围	功　能	代　码	功能作用范围	功　能
M00	*	程序停止	M10		夹紧
M01	*	计划结束	M11		松开
M02	*	程序结束	M12	*	不指定
M03		主轴顺时针转动	M13		主轴顺时针,冷却液开
M04		主轴逆时针转动	M14		主轴逆时针,冷却液开
M05		主轴停止	M15	*	正运动
M06	*	换刀	M16	*	负运动
M07		2 号冷却液开	M17-M18	*	不指定
M08		1 号冷却液开	M19		主轴定向停止
M09		冷却液关	M20-M29	*	永不指定

续表

代码	功能作用范围	功能	代码	功能作用范围	功能
M30	*	纸带结束	M52-M54	*	不指定
M31	*	互锁旁路	M55	*	刀具直线位移,位置 1
M32-M35	*	不指定	M56	*	刀具直线位移,位置 2
M36	*	进给范围 1	M57-M59	*	不指定
M37	*	进给范围 2	M60		更换工作
M38	*	主轴速度范围 1	M61		工件直线位移,位置 1
M39	*	主轴速度范围 2	M62	*	工件直线位移,位置 2
M40-M45	*	齿轮换挡	M63-M70	*	不指定
M46-M47	*	不指定	M71	*	工件角度位移,位置 1
M48	*	注销 M49	M72	*	工件角度位移,位置 2
M49	*	进给率修正旁路	M73-M89	*	不指定
M50	*	3 号冷却液开	M90-M99	*	永不指定
M51	*	4 号冷却液开			

注：* 表示如作特殊用途，必须在程序格式中说明

附录三　中级数控铣床操作工理论样题

一、单项选择题（每题 0.5 分，满分 80 分。）

1. 磨削加工时，增大砂轮粒度号，可使加工表面粗糙度数值（　　）。

   A. 变大　　B. 变小　　C. 不变　　D. 不一定

2. 刀具长度补偿由准备功能 G43、G44、G49 及（　　）代码指定。

   A. K　　B. J　　C. I　　D. H

3. 数控机床按伺服系统可分为（　　）。

   A. 开环、闭环、半闭环　　B. 点位、点位直线、轮廓控制

   C. 普通数控机床、加工中心　　D. 二轴、三轴、多辅

4. 在补偿寄存器中输入的 D 值的含义为（　　）。

   A. 只表示为刀具半径

   B. 粗加工时的刀具半径

   C. 粗加工时的刀具半径与精加工余量之和

   D. 精加工时的刀具半径与精加工余量之和

5. 用高速钢铰刀铰削铸铁时，由于铸铁内部组织不均引起振动，容易出现（　　）现象。

   A. 孔径收缩　　B. 孔径不变　　C. 孔径扩张　　D. 锥孔

6. 能消除前道工序位置误差，并能获得很高尺寸精度的加工方法是（　　）。

   A. 扩孔　　B. 镗孔　　C. 铰孔　　D. 冲孔

7. 暂停指令 G04 用于中断进给，中断时间的长短可以通过地址 x（U）或（　　）来指定。

   A. T　　B. P　　C. 0

8. 根据 ISO 标准，当刀具中心轨迹在程序轨迹前进方向左边时称为左刀具补偿，用（　　）指令表示。

A. G43　　B. G42　　C. G41

9. 数控机床同一润滑部位的润滑油应该（　　）。

A. 用同一牌号　　B. 可混用

C. 使用不同型号　　D. 只要润滑效果好就行

10. 加工锥孔时，下列（　　）方法效率高。

A. 仿型加工　　B. 成型刀加工　　C. 线切割　　D. 电火花

11. 千分尺微分筒转动一周，测微螺杆移动（　　）mm。

A. 0 1　　B. 0.01　　C. 0.001　　D. 1

12. 相同条件下，使用立铣刀切削加工，表面粗糙度最好的刀具齿数应为（　　）。

A. 2　　B. 0　　C. 4　　D. 6

13. 通常使用的标准立铣刀，不包括直径数为（　　）的规格。

A. 05　　B. 06　　C. 07　　D. 08

14. 过定位是指定位时工件的同一（　　）被二个定位元件重复限制的定位状态。

A. 平面　　B. 自由度　　C. 圆柱面　　D. 方向

15. 游标卡尺上端的两个外量爪是用来测量（　　）。

A. 内孔或槽宽　　B. 长度或台阶　　C. 外径或长度　　D. 深度或宽度

16. 绝对坐标编程时，移动指令终点的坐标值 X、Z 都是以（　　）为基准来计算。

A. 工件坐标系原点　　B. 机床坐标系原点

C. 机床参考点　　D. 此程序段起点的坐标值

17. 用圆弧段逼近非圆曲线时，（　　）是常用的节点计算方法。

A. 等间距法　　B. 等程序段法　　C. 等误差法　　D. 曲率圆法

18. position 可翻译为（　　）。

A. 位置　　B. 坐标　　C. 程序　　D. 原点

19. 通常用立铣刀进行曲面的粗加工有很多优点，以下描述正确的是（　　）。

A. 残余余量均匀　　B. 加工效率高

C. 无需考虑 F 刀点　　D. 不存在过切、欠切现象

20. 终点判别是判断刀具是否到达（　　），未到则继续进行插补。

A. 起点　　B. 中点　　C. 终点　　D. 目的

21. 一般情况下，制作金属切削刀具时，硬质合金刀具的前角（　　）高速钢刀具的前角。

A. 大于　　B. 等于

C. 小于　　D. 大于、等于、小于都有可能

22. 存储系统中的 PROM 是指（　　）。

A. 可编程读写存储器　　B. 可编程只存储器

C. 静态只读存储器　　D. 动态随机存储器

23. 进入刀具半径补偿模式后，（　　）可以进行刀具补偿平面的切换。

A. 取消刀补后　　B. 关机重启后　　C. 在 MDI 模式下　D. 不用取消刀补

24. FANUC-Oi 系统中以 M99 结尾的程序是（　　）。

A. 主程序　　B. 子程序　　C. 增量程序　　D. 宏程序

25. （　　）是切削过程产生自激振动的原因。

A. 切削时刀具与工件之间的摩擦　　B. 不连续的切削

C. 加工余量不均匀　　D. 回转体不平衡

26. 比较不同尺寸的精度，取决于（　　）。

A. 偏差值的大小　　B. 公差值的大小

C. 公差等级的大小　　D. 公差单位数的大小

27. 在 G17 平面内逆时针铣削整圆的程序段为（　　）。

A. G03 R _　　B. G03 I _

C. G03 X _ Y _ Z _ R _　　D. G03 X _ Y _ Z _ K

28. 钻镗循环的深孔加工时需采用间歇进给的方法，每次提刀退回安全平面的应是（　　）

A. G73　　B. G83　　C. G74　　D. G84

29. 下列保养项目中（　　）不是半年检查的项目。

A. 机床电流电压　　B. 液压油　　C. 油箱　　D. 润滑油

30. 用一套 46 块的量块，组合 95.552 的尺寸，其量块的选择为 1，002、（　　）、1.5、290 共五块。

A. 1.005　　B. 20.5　　C. 2.005　　D. 1.05

31. 下述几种垫铁中，常用于振动较大或质量为 10～15t 的中小型机床的安装（　　）。

A. 斜垫铁　　B. 开口垫铁　　C. 钩头垫铁　　D. 等高铁

32. 一般机械工程图采用（　　）原理画出。

A. 正投影　　B. 中心投影　　C. 平行投影　　D. 点投影

33. 夹紧时，应保证工件的（　　）正确。

A. 定位　　B. 形状　　C. 几何精度　　D. 位置

34. 创新的本质是（　　）。

A. 突破　　B. 标新立异　　C. 冒险　　D. 稳定

35. 粗加工平面轮廓时，下列（　　）方法通常不选用。

A. Z 向分层粗加工　　B. 使用刀具半径补偿

C. 插铣　　D. 面铣刀去余量

36. （　　）其断口呈灰白相间的麻点状，性能不好，极少应用。

A. 白口铸铁　　B. 灰口铸铁　　C. 球墨铸铁　　D. 麻口铸铁

37. 液压传动是利用（　　）作为工作介质来进行能量传送的一种工作方式。

A. 油类　　B. 水　　C. 液体　　D. 空气

38. 以机床原点为坐标原点，建立一个 Z 轴与 X 轴的直角坐标系，此坐标系称为（　　）坐标系。

A. 工件　　B. 编程　　C. 机床　　D. 空间

39. 选择刀具起始点时应考虑（　　）。

A. 防止工件或夹具干涉碰撞　　B. 方便刀具安装测量

C. 每把刀具刀尖在起始点重合　　D. 必须选在工件外侧

40. 加工铸铁等脆性材料时，应选用（　　）类硬质合金。

A. 钨钴钛　　B. 钨钴　　C. 钨钛　　D. 钨钒

41. 系统面板上的 ALTER 键用于（　　）程序中的字。

A. 删除　　B. 替换　　C. 插入　　D. 清除

42. 刀具半径补偿的取消只能通过（　　）来实现。

A. G01 和 G00　　B. G01 和 G02　　C. G01 和 G03　　D. G00 和 G02

43. 计算机辅助设计的英文缩写是（　　）。

A. CAD　B. CAM　C. CAE　D. CAT

44. 常用规格的千分尺的测微螺杆移动量是（　　）。

A. 85mm　B. 35mm　C. 25mm　D. 15mm

45. 如果刀具长度补偿值是5mm，执行程序段G19 G43 H0，G90 G01 X100 Y30 Z50后刀位点在工件坐标系的位置是（　　）。

A. X105 Y35 Z55　B. X100 Y35 Z50　C. X105 Y30 Z50　D. X100 Y30 Z55

46. 机械零件的真实大小是以图样上的（　　）为依据。

A. 比例　B. 公差范围　C. 标注尺寸　D. 图样尺寸大小

47. 立铣刀主要用丁加工沟槽、台阶和（　）等。

A. 内孔　B. 平面　C. 螺纹　D. 曲面

48. 使主运动能够继续切除工件多余的金属以形成工作表面所需的运动称为（　）。

A. 进给运动　B. 主运动　C. 辅助运动　D. 切削运动

49. 使主辅定向停止的指令是（　　）。

A. M99　B. M05　C. M19　D. M06

50. 在平口钳上加工两个相互垂直的平面中的第二个平面，装夹时已完成平面靠住固定钳口，活动钳口一侧应该（　　）。

A. 用钳口直接夹紧，增加夹紧力

B. 用两平面平行度好的垫铁放在活动钳口和工件之间

C. 在工件和活动钳口之间水平放一根细圆柱

D. 其他三种方法中任何种都可以

51. 道德是通过（　　）对一个人的品行发生极大的作用。

A. 社会舆论　B. 国家强制执行　C. 个人的影响　D. 国家政策

52. 碳素工具钢工艺性能的特点有（　　）。

A. 不可冷、热加工成形，加工性能好　B. 刃口一般磨得不是很锋利

C. 易淬裂　D. 耐热性很好

53. 数控机床在开机后，须进行回零操作，使X、Y、Z各坐标轴运动同到（　　）。

A. 机床零点　B. 编程原点　C. 工件零点　D. 坐标原点

54. 圆柱铣刀精铣平面时，铣刀直径选用较大值，目的是（　　）。

A. 减小铣削时的铣削力矩　B. 增大铣刀的切入和切出长度

C. 减小加工表面粗糙度值　D. 可以采用较大切削速度和进给量

55. 切削铸铁、黄铜等脆性材料时，往往形成不规则的细小颗粒切屑，称为（　　）。

A. 粒状切屑　B. 节状切屑　C. 带状切屑　D. 崩碎切屑

56. 数控机床的“回零”操作是指回到（　　）。

A. 对刀点　B. 换刀点　C. 机床的参考点　D. 编程原点

57. 外径千分尺在使用时操作正确的是（　　）。

A. 猛力转动测力装置　B. 旋转微分筒使测量表面与工件接触

C. 退尺时要旋转测力装置　D. 不允许测量带有毛刺的边缘表面

58. 装夹工件时应考虑（　　）。

A. 专用夹具　B. 组台夹具

C. 夹紧力靠近支承点　D. 夹紧力不变

59. 执行G01Z0；G90 G01 G43 Z－50 H01：（H01＝－2.00）程序后钻孔深度是（　　）。

A. 48mm　B. 52mm　C. 50mm　D. 51mm

60. 沿加工轮廓的延长线退刀时需要采用（　　）方法。

A. 法向　B. 切向

C. 轴向　D. 法向、切向、轴向都可以

61. 数控机床的基本结构不包括（　　）。

A. 数控装置　B. 程序介质　C. 伺服控制单元　D. 机床本体

62. 在铣削铸铁等脆性材料时，一般（　　）。

A. 加以冷却为主的切削液　B. 加以润滑为主的切削液

C. 不加切削液　D. 加煤油

63. 已知直径为 10mm 立铣刀铣削钢件时，推荐切削速度（V_c）15.7m/min，主轴转速（N）为（　　）。

A. 200 r/min　B. 300 r/min　C. 400 r/min　D. 500 r/min

64. 精确作图法是在计算机上应用绘图软件精确绘出工件轮廓，然后利用软件的测量功能进行精确测量，即可得出各点的（　　）值。

A. 相对　B. 参数　C. 绝对　D. 坐标

65. 机床坐标系各轴的规定是以（　　）来确定的。

A. 极坐标　B. 绝对坐标系　C. 相对坐标系　D. 笛卡尔坐标

66. 数控系统的报警大体可以分为操作报警，程序错误报警，驱动报警及系统错误报警，显示“没有 Y 轴反馈”这属于（　　）。

A. 操作错误报警　B. 程序错误报警　C. 驱动错误报警　D. 系统错误报警

67. F 列孔与基准轴配合，组成间隙配合的孔是（　　）。

A. 孔的上、下偏差均为正值　B. 孔的上偏差为正值,、下偏差为负值

C. 孔的上偏差为零，下偏差为负值　D. 孔的上、下偏差均为负值

68. 加工一般金属材料片用的高速钢，常用牌号有 W18Cr4V 和（　　）两种。

A. CrWMn　B. 9SiCr　C. 1Cr18Ni9　D. W6M05Cr4V2

69. 通过观察故障发生时的各种光、声、味等异常现象，将故障诊断的范围缩小的方法称为（　　）。

A. 直观法　B. 交换法　C. 测量比较法　D. 隔离法

70. 中碳结构钢制作的零件通常在（　　）进行高温回火，以获得适宜的强度与韧性的良好配合。

A. 200～300℃　B. 300～400℃　C. 500～600℃　D. 150～250℃

71. 加工较大平面的工件时，一般采用（　　）。

A. 立铣刀　B. 端铣刀　C. 圆柱铣刀　D. 镗刀

72. 程序段序号通常用（　　）位数字表示。

A. 8　B. 10　C. 4　D. 11

73. 左视图反映物体的（　　）的相对位置关系。

A. 上下和左右　B. 前后和左右　C. 前后和上下　D. 左右和上下

74. 在零件毛坯加工涂量不匀的情况下进行加工，会引起（　　）大小的变化，因而产生误差。

A. 切削力　B. 开力　C. 夹紧力　D. 重力

75. 用同一把刀进行粗、精加工时，还可进行加工余量的补偿，设刀具半径为 r，精加工时

半径方向余量为Δ，则最后一次粗加工走刀的半径补偿量为（　　）。

A. r　　B. $r+\Delta$　　C. Δ　　D. $2r-\Delta$

76. 数控装置中的电池的作用是（　　）。

A. 是给系统的CPu运算提供能量

B. 在系统断电时，用它储存的能量来保持RAM中的数据

C. 为检测元件提供能量

D. 在突然断电时，为数控机床提供能量，使机床能暂时运行几分钟，以便退出刀具

77. 在数控铣床中，如果当前刀具刀位点在机床坐标系中的坐标为（－50，－100，－80），若用MDI功能执行指令G92X100.0 Y100.0 Z100.0后，工件坐标系原点在机床坐标系中的坐标将是（　　）。

A.（50，0，20）　　B.（－50，－200，－180）

C.（50，100，100）　　D.（250，200，180）

78. 主切削刃在基面上的投影与进给运动方向之间的夹角称为（　　）。

A. 前角　　B. 后角　　C. 主偏角　　D. 副偏角

79. 铣削工序的划分主要有刀具集中法、（　　）和按加工部位划分。

A. 先面后孔　　B. 先铣后磨　　C. 粗、精分开　　D. 先难后易

80. 纯铝中加入适量的（　　）等合金元素，可以形成铝合金。

A. 碳　　B. 硅　　C. 硫　　D. 磷

81. 三个支撑点对工件是平面定位，能限制（　　）个自由度。

A. 2　　B. 3　　C. 4　　D. 5

82. 程序是由多行指令组成，每一行称为一个（　　）。

A. 程序字　　B. 地址字　　C. 子程序　　D. 程序段

83. 由于数控机床可以自动加工零件，操作工（　　）按操作规程进行操作。

A. 可以　　B. 必须　　C. 不必　　D. 根据情况随意

84. 职业道德的实质内容是（　　）。

A. 树立新的世界观　　B. 树立新的就业观念

C. 增强竞争意识　　D. 树立全新的社会主义劳动态度

85. 用来测量工件内外角度的量具是（　　）。

A. 万能角度尺　　B. 内径千分尺　　C. 游标卡尺　　D. 量块

86. 只将机件的某一部分向基本投影面投影所得的视图称为（　　）。

A. 基本视图　　B. 局部视图　　C. 斜视图　　D. 旋转视图

87. 进行数控程序空运行的无法实现（　　）。

A. 检查程序是否存在句法错误　　B. 检查程序的走刀路径是否正确

C. 检查轮廓尺寸精度　　D. 检查换刀是否正确

88. 35F8与20H9两个公差等级中，（　　）的精确程度高。

A. 35F8　　B. 20H9　　C. 相同　　D. 无法确定

89. 框式水平仪主要应用于检验各种机床及其他类型设备导轨的直线度和设备安装的水平位置、垂直位置。在数控机床水平时通常需要（　　）块水平仪。

A. 2　　B. 3　　C. 4　　D. 5

90. 程序在刀具半径补偿模式下使用（　　）以上的非移动指令，会出现过切现象。

A. 一段　　B. 二段　　C. 三段　　D. 四段

91. 以下精度公差中，不属于形状公差的是（　　）。

A. 同轴度　　B. 圆柱度　　C. 平面度　　D. 圆度

92. 标准麻花钻的顶角是（　　）。

A. 100′　　B. 118′　　C. 140′　　D. 130′

93. 粗加工应选用（　　）。

A. (3～5)%乳化液　B. (10～15)%乳化液　C. 切削液　　D. 煤油

94. 最小实体尺寸是（　　）。

A. 测量得到的　　B. 设计给定的　　C. 加工形成的　　D. 计算所出的

95. 快速定位 G00 指令在定位过程中，刀具所经过的路径是（　　）。

A. 直线　　B. 曲线　　C. 圆弧　　D. 连续多线段

96. 面铣刀每转进给量 f=0 64mm/r，主轴转速 n=75r/min，铣刀齿数 z=8，则 f_z为（　　）。

A. 48mm　　B. 5.12mm　　C. 0.08mm　　D. 8mm

97. 在偏置值设置 G55 栏中的数值是（　　）。

A. 工件坐标系的原点相对机床坐标系原点偏移值

B. 刀具的长度偏差值

C. 工件坐标系的原点

D. 工件坐标系相对对刀点的偏移值

98. 在极坐标编程、半径补偿和（　　）的程序段中，须用 G17、G18、G19 指令可用来选择平面。

A. 回参考点　　B. 圆弧插补　　C. 固定循环　　D. 子程序

99. 坐标系内某一位置的坐标尺寸上以相对于（　　）一位置坐标尺寸的增量进行标注或计量的，这种坐标值称为增量坐标。

A. 第　　B. 后　　C. 前　　D. 左

100. 以下说法错误的是（　　）。

A. 公差带为圆柱时，公差值前加

B. 公差带为球形时，公差值前加 S

C. 国标规定，在技术图样上，形位公差的标注采用字母标注

D. 基准代号由基准符号、圆圈、连线和字母组成

101. 手工建立新的程序时，必须最先输入的是（　　）。

A. 程序段号　　B. 刀具号　　C. 程序名　　D. G 代码

102. 钢淬火的目的就是为了使它的组织全部或大部转变为（　　），获得高硬度，然后在适当温度下回火，使工件具有预期的性能。

A. 贝氏体　　B. 马氏体　　C. 渗碳体　　D. 奥氏体

103. 在其他加上条件相同的情况下，下列哪种加工方案获得的表面粗糙度好（　　）。

A. 顺铣　　B. 逆铣　　C. 混合铣　　D. 无所谓

104. 在线加工（DNC）的意义为（　　）。

A. 零件边加工边装夹

B. 加工过程与面板显示程序同步

C. 加工过程为外接计算机在线输送程序到机床

D. 加工过程与互联网同步

105. 选择定位基准时，应尽量与工件的（　　）一致。

A. 工艺基准　　B. 度量基准　　C. 起始基准　　D. 设计基准

106. 一般情况下，直径（　　）的孔应由普通机床先粗加工，给加工中心预留余量为4～6mm直径方向），再由加工中心加工。

A. 小于8mm　　B. 大于30mm　　C. 为7mm　　D. 小于10mm

107. 逐步比较插补法的工作顺序为（　　）。

A. 偏差判别、进给控制、新偏差计算、终点判别

B. 进给控制、偏差判别、新偏差计算、终点判别

C. 终点判别、新偏差计算、偏差判别、进给控制

D. 终点判别、偏差判别、进给控制、新偏差计算

108. 下列配合代号中，属于同名配合的是（　　）。

A. H7/f6与F7/h6　B. F7/h6与H7/f7　C. F7/n6与H7/f6　D. N7/h5与H7/h5

109. 零件几何要素按存在的状态分有实际要素和（　　）。

A. 轮廓要素　　B. 被测要素　　C. 理想要素　　D. 基准要素

110. 市场经济条件下，不符合爱岗敬业要求的是（　）的观念。

A. 树立职业理想　　B. 强化职业责任

C. 干一行爱一行　　D. 以个人收入高低决定工作质量

111. 铰削一般钢材时，切削液通常选用（　　）。

A. 水溶液　　B. 煤油　　C. 乳化液　　D. 极压乳化液

112. 碳素工具钢的牌号由“T＋数字”组成，其中T表示（　　）。

A. 碳　　B. 钛　　C. 锰　　D. 硫

113. 用心轴对有较长长度的孔进行定位时，可以限制工件的（　　）自由度。

A. 两个移动、两个转动　　B. 三个移动、一个转动

C. 两个移动、一个转动　　D. 一个移动、二个转动

114. 下列关于欠定位叙述正确的是（　　）。

A. 没有限制全部六个自由度　　B. 限制的自由度大于六个

C. 应该限制的自由度没有被限制　　D. 不该限制的自由度被限制了

115. 碳的质量分数小于（　　）的铁碳台金称为碳素钢。

A. 1.4%　　B. 2.11%　　C. 0.6%　　D. 0.025%

116. 用轨迹法切削槽类零件时，槽两侧表面，（　　）。

A. 一面顺铣、一面为逆铣　　B. 两面均为顺铣

C. 两面均为逆铣　　D. 不需要做任何加工

117. 用G52指令建立的局部坐标系是（　　）的子坐标系。

A. 机械坐标系　　B. 当前工作的工作坐标系

C. 机床坐标系　　D. 所有的工件坐标系

118. G20代码是（　　）制输入功能，它是FANUC数控车床系统的选择功能。

A. 英　　B. 公　　C. 米　　D. 国际

119. 工件坐标系的零点般设在（　　）。

A. 机床零点　　B. 换刀点　　C. 工件的端面　　D. 卡盘根

120. 提高机械加表面质量的工艺途径不包括（　　）。

A. 超精密切削加工　　B. 采用珩磨、研磨

C. 喷丸、滚压强化　　D. 精密铸造

121. FANUC 系统中，M98 指令是（　　）指令。

A. 主轴低速范围　B. 调用子程序　C. 主辅高速范围　D. 子程序结束

122. 要做到遵纪守法，对每个职工来说，必须做到（　　）。

A. 有法可依　B. 反对"管"、"卡"、"压"

C. 反对自由主义　D. 努力学法，知法、守法、用法

123. 錾削时，当发现手锤的木柄上沾有油应采取（　　）。

A. 不用管　B. 及时擦去

C. 在木柄上包上布　D. 带上手套

124. 可转位面铣刀的切削刃上刀尖点先接触加工面的状态时前角为（　　）。

A. 正　B. 零

C. 负　D. 正、零、负都不是

125. 不符合岗位质量要求的内容是（　　）。

A. 对各个岗位质量工作的具体要求　B. 体现在各岗位的作业指导书中

C. 企业的质量方向　D. 体现在工艺规程中

126. 选择粗基准时，重点考虑如何保证各加工表面（　　）。

A. 对刀方便　B. 切削性能好　C. 进/退刀方便　D. 有足够的余量

127. 优质碳素结构钢的牌号由（　　）数字组成。

A. 一位　B. 两位　C. 三位　D. 四位

128. （　　）对提高铣削平面的表面质量无效。

A. 提高主轴转速　B. 减小切削深度

C. 使用刀具半径补偿　D. 降低进给速度

129. 钻头直径为 10mm，切削速度是 30m/min，主轴转速应该是（　　）。

A. 240r/min　B. 1920r/min　C. 480r/min　D. 960r/min

130. 自激振动约占切削加工中的振动的（　　）%。

A. 65　B. 20　C. 30　D. 50

131. 确定尺寸精确程度的标准公差等级共有（　　）级。

A. 12　B. 16　C. 18　D. 20

132. 加工形腔零件常采用螺旋线下刀，下刀时螺旋半径通常取（　　）倍于刀具直径。

A. 0～0.5　B. 0.5～1　C. 1～1.5　D. 1.5～2

133. 企业文化的整合功能指的是它在（　　）方面的作用。

A. 批评与处罚　B. 凝聚人心　C. 增强竞争意识　D. 自律

134. 数控铣床一般不适合于加工（　　）零件。

A. 板类　B. 盘类　C. 壳具类　D. 轴类

135. 刃磨高速钢车刀应用（　　）砂轮。

A. 刚玉系　B. 碳化硅系　C. 人造金刚石　D. 立方氮化硼

136. 立铣刀切入轮廓工件表面时，可以是（　　）切入。

A. 垂直　B. 沿延长线或切向

C. Z 向下刀　D. 任意点

137. 要获得好的表面粗糙度，使用立铣刀精加工内孔时，常采用（　　）方式。

A. 顺铣　B. 直线　C. 螺旋线方式　D. 逆铣

138. 环境保护法的基本任务不包括（　　）。

A. 保护和改善环境　　B. 合理利用自然资源
C. 维护生态平衡　　D. 加快城市开发进度

139. 国家标准的代号为（　　）。
A. JB　　B. QB　　C. TB　　D. GB

140. 子程序返同主程序的指令为（　　）。
A. P98　　B. M99　　C. M08　　D. M09

141. 用于承受冲击、振动的零件如电动机机壳、齿轮箱等用（　　）牌号的球墨铸铁。
A. QT400-18　　B. QT600-3　　C. QT700-2　　D. QT800-2

142. 加工对称度有要求的轴类键槽时，对刀找正时应尽量以（　　）为基准。
A. 端面　　B. 轴线
C. 外圆侧面　　D. 端面、轴线、外圆侧面都可以

143. 自动返回机床固定点指令 G28X _ Y _ Z _ 中 X、Y、Z 表示（　　）。
A. 起点坐标　　B. 终点坐标　　C. 中间点坐标　　D. 机床原点坐标

144. 工件承受切削力后产生一个与之方向相反的合力，它可以分成为（　　）。
A. 轴向分力　　B. 法向分力
C. 切向分力　　D. 水平分力和垂直分力

145. 影响刀具扩散磨损的最主要原因是（　　）。
A. 工件材料　　B. 切削速度　　C. 切削温度　　D. 刀具角度

146. 最大实体尺寸指（　　）。
A. 孔和轴的最大极限尺寸　　B. 孔和轴的最小极限尺寸
C. 孔的最大极限尺寸和轴的最小极限尺寸　D. 孔的最小极限尺寸和轴的最大极限尺寸

147. 若键槽铣刀与主轴的同轴度为 0.01，则键槽宽度尺寸可能比铣刀直径大（　　）mm。
A. 0.005　　B. 0.01　　C. 0.02　　D. 0.04

148. 用百分表测量平面时，触头应与平面（　　）。
A. 倾斜　　B. 垂直　　C. 水平　　D. 平行

149. 公差是一个（　　）。
A. 正值　　B. 负值
C. 零值　　D. 不为零的绝对值

150. 主程序结束，程序返同至开始状态，其指令为（　　）。
A. M00　　B. M02　　C. M05　　D. M30

151. 圆弧插补的过程中数控系统把轨迹拆分成若干微小（　　）。
A. 直线段　　B. 圆弧段　　C. 斜线段　　D. 非圆曲线段

152. 根据切屑的粗细及材质情况，及时清除（　　）中的切屑，以防止冷却液同路。
A. 开关和喷嘴　　B. 冷凝器及热交换器
C. 注油口和吸入阀　　D. 一级（或二级）过滤网及过滤罩

153. 数控机床较长期闲置时最重要的是对机床定时（　　）。
A. 清洁除尘　　B. 加注润滑油
C. 给系统通电防潮　　D. 更换电池

154. 已知直径为 10mm 球头铣刀，推荐切削速度（V_c）157m/min，切削深度 3mm（a_p），主轴转速（N）应为（　　）。
A. 4000 r/min　　B. 5000 r/min　　C. 6250 r/min　　D. 7500 r/min

155. 使程序在运行过程中暂停的指令（　　）。

A. M00　　B. G18　　C. G19　　D. G20

156. 土轴毛坯锻造后需进行（　　）热处理，以改善切削性能。

A. 正火　　B. 调质　　C. 淬火　　D. 退火

157. 在齿轮的画法中，齿顶圆用（　　）表示。

A. 粗实线　　B. 细实线　　C. 点划线　　D. 虚线

158. 硬质合金的特点是耐热性（　　），切削效率高，但刀片强度、韧性不及工具钢，焊接刃磨工艺较差。

A. 好　　B. 差　　C. 一般　　D. 不确定

159. 用指令 G92 X150 Yl00 Z50 确定工件原点，执行这条指令后，刀具（　　）点。

A. 移到工件原点　　B. 移到刀架相关点

C. 移到装夹原点　　D. 刀架不移动

160. 多齿分度台在工具制造中广泛应用于精密的分度定位、测量或加工精密（　　）

A. 仪表　　B. 同转零件　　C. 分度零件　　D. 箱体零件

二、判断题（每题 0.5 分，满分 20 分）

1.（　　）加工精度要求高的键槽时，应该掌握粗精分开的原则。

2.（　　）识读装配图首先要看标题栏和明细表。

3.（　　）扩孔加工精度比钻孔加工高。

4.（　　）数控机床数控部分出现故障死机后，数控人员应关掉电源后再重新开机，然后执行程序即可。

5.（　　）灰口铸铁组织是钢的基体上分布有片状石墨，灰口铸铁的抗压强度远大于抗拉强度。

6.（　　）模态码就是续效代码，G00，G03，G17，G41 是模态码。

7.（　　）除基本视图外，还有全剖视图、半剖视图和旋转视图三种视图。

8.（　　）按刀柄与主轴连接方式分一面约束和刀柄锥面及端面与主轴孔配合的二面约束。

9.（　　）铣削内轮廓时，外拐角圆弧半径必须大于刀具半径。

10.（　　）图形模拟不但能检查刀具运动轨迹是否正确，还能查出被加工零件的精度。

11.（　　）采用斜视图表达倾斜构件可以反映构件的实形。

12.（　　）偶发性故障是比较容易被人发现与解决的。

13.（　　）S 指令的功能是指定主轴转速的功能和使主轴旋转。

14.（　　）工作前必须戴好劳动保护品，女工戴好工作帽，不准围围巾，禁止穿高跟鞋。操作时不准戴手套，不准与他人闲谈，精神要集中。

15.（　　）计算机操作系统中文件系统最基本的功能是实现按名存取。

16.（　　）与非数控的机床相比，数控铣床镗孔可以取得更高的孔径精度和孔的位置精度。

17.（　　）铰刀的齿槽有螺旋槽和直槽两种。其中直槽铰刀切削平稳、振动小、寿命长、铰孔质量好，尤其适用于铰削轴向带有键槽的孔。

18.（　　）数控机床自动执行程序过程中不能停止。

19.（　　）金属的切削加工性能与金属的力学性能有关。

20.（　　）无论加工内轮廓或者外轮廓，刀具发生磨损时都会造成零件加工产生误差。通常在不考虑其他因素时，只需调整刀具半径补偿值即可修正。

21.（　　）铣削内轮廓时，必须在轮廓内建立刀具半径补偿。

22. （　　）在铣削过程中，所选用的切削用量，称为铣削用量，铣削用量包括：吃刀量，铣削速度和进给量。

23. （　　）职业用语要求：语言自然、语气亲切、语调柔和、语速适中、语言简练、语意明确。

24. （　　）企业的质量方针是每个技术人员（一般工人除外）必须认真贯彻的质量准则。

25. （　　）团队精神能激发职工更大的能量，发掘更大的潜能。

26. （　　）非模态码只在指令它的程序段中有效。

27. （　　）铣削加工中，主轴转速应根据允许的切削速度和刀具的直径来计算。

28. （　　）省略一切标注的剖视图，说明它的剖切平面不通过机件的对称平面。

29. （　　）一把新刀（或重新刃磨过的刀具）从开始使用直至达到磨钝标准所经历的实际切削时间，称为刀具寿命。

30. （　　）画图比例 1∶5，是图形比实物放大五倍。

31. （　　）升降台铣床有万能式、卧式和立式几种，主要用于加工中小型零什，应用最广。

32. （　　）加工平滑曲面时，牛鼻子刀（环形刀）可以获得比球头刀更好的表面粗糙度。

33. （　　）键槽中心线的直线度是加工时所要保证的主要位置公差。

34. （　　）电动机按结构及工作原理可分为异步电动机和同步电动机。

35. （　　）铣削平缓曲面时，由于球头铣刀底刃处切削速度几乎为零，所以不易获得好的表面粗糙度。

36. （　　）职业道德修养要从培养自己良好的行为习惯着手。

37. （　　）数控车床的 F 功能的单位有每分钟进给量和每转进给量。

38. （　　）用分布于铣刀端平面上的刀齿进行的铣削称为周铣，用分布于铣刀圆柱面上的刀齿进行的铣削称为端铣。

39. （　　）X6132 型卧式万能铣床的纵向、横向二个方向的进给运动是互锁的，不能同时进给。

40. （　　）用设计基准作为定位基准，可以避免基准不重合其引起的误差。

参考文献

[1] 刘蔡保．数控铣床（加工中心）编程与操作．北京：化学工业出版社，2011.
[2] 人力资源和社会保障部教材办公室．数控铣床操作与零件加工．北京：中国劳动社会保障出版社，2013.
[3] 王睿鹏．数控机床编程与操作．北京：机械工业出版社，2009.
[4] 人力资源和社会保障部教材办公室．数控铣床加工中心编程与操作（FANUC 系统）．北京：中国劳动社会保障出版社，2013.
[5] 蒋建强．数控铣床编程与加工技术．北京：中国铁道出版社，2013.
[6] 朱明松．数控铣床编程与操作项目教程．北京：机械工业出版社，2007.
[7] 胡育辉．数控铣床加工中心．沈阳：辽宁科学技术出版社，2005.